给幸福一条最浅的底线

Geixingfu
Yitiaozuiqiandedixian

文 静 编著

中国华侨出版社

图书在版编目（CIP）数据

给幸福一条最浅的底线／文静编著．—北京：中国华侨出版社，2012.7

ISBN 978-7-5113-2374-3

Ⅰ.①给… Ⅱ.①文… Ⅲ.①幸福-通俗读物 Ⅳ.①B82-49

中国版本图书馆CIP数据核字（2012）第086839号

● 给幸福一条最浅的底线

编　　著	文　静
责任编辑	泓　涛
封面设计	智杰轩图书
经　　销	新华书店
开　　本	710×1000毫米　1/16　印张18　字数220千字
印　　刷	北京溢漾印刷有限公司
版　　次	2012年7月第1版　2012年7月第1次印刷
书　　号	ISBN 978-7-5113-2374-3
定　　价	32.00元

中国华侨出版社　北京朝阳区静安里26号通成达大厦3层　邮编100028
法律顾问：陈鹰律师事务所
编辑部：（010）64443056　　64443979
发行部：（010）64443051　　传真：64439708
网　　址：www.oveaschin.com
e-mail：oveaschin@sina.com

前言

　　幸福是什么？或许我们每一个人都曾在心里默默地衡量过，同样，在每一个人心中，也都给幸福留了一条底线。

　　那么，幸福到底是什么呢？每一个人都有自己对幸福不一样的诠释和理解。有人认为，幸福就是财富，富有的人就是幸福的；有人认为，幸福就是自由，无拘无束地生活，随心所欲地去做自己想做的事情，就是莫大的幸福；也有人认为，幸福就依附在每日每夜琐碎的生活中，快乐地生活就是幸福；也有人认为，幸福就像那镜花水月，永远都无法触摸，所以这样的人，或许一辈子都无法让自己幸福一次。相反，有些人每天能生活得很幸福，而他们的幸福，有时候往往是别人不屑一顾的。为什么会有如此大的反差，或许只是因为每个人看待幸福的心态不一样罢了，也就是说，每一个人心中对幸福的底线都是不同的。

　　看过《家的 N 次方》之后，心有感触，一家大企业的富家公子，从小住着豪宅，锦衣玉食，不管吃饭穿衣还是玩乐都挥金如土，可是他从来都很孤僻，因为从小失去了妈妈，爸爸又忙于工作，他唯一的依靠就是同父异母的姐姐，他的内心世界里，只有孤独，感受不到人与人之间的温暖和关爱，当然也感受不到任何的幸福。然而，就在他爸爸的公司破产之后，从豪宅搬到几十平米的小

给幸福一条最浅的底线

房子，再也没有永远不会透支的信用卡去刷，沦落到依靠自己的能力去赚钱养家，可是，他却感受到了幸福。或许有人会认为，他的生活发生了那么大的变化，他一下子从天堂掉进了地狱，就是天大的不幸，怎么能跟幸福扯上关系呢？其实，那是因为他给自己定义的幸福不是财富，不是享受，而是他觉得一家人在一起平平安安，没有钱也是幸福的。

当然，这只是电视剧里的人生，或许一些情节和人的心理都蒙上了艺术的面纱，不过也在一定程度上说明了幸福在每一个人心中有不一样的底线。

或许有人也会说，在这个物质极大丰富的时代，人们的情绪都或多或少和物质、财富、权力等纠结不清，幸福的定义也差不多被同化了。比方说，在那些个寸土寸金的大都市，对于那些租房子住的人而言，幸福往往就是能拥有属于自己的一套房子，下班回去后，能有一种家的归属感；骑着自行车穿梭于都市之间的人们，或许会认为开宝马是一种莫大的幸福。但是，也曾看到一些骑着自行车的人脸上洋溢着幸福的微笑，他们时常沉浸在那种既环保又健身的自在中，没有香车的日子，依旧过得云淡风轻，他们觉得，不管贫穷还是富有，只要用一颗乐观坦然的心去认真生活，就是幸福。

史铁生曾写道：生病的经验是一步步懂得满足。发烧了，才知道不发烧的日子多么清爽；咳嗽了，才体会不咳嗽的嗓子多么舒服；刚坐上轮椅时，我老想，不能直立行走岂不把人的特点搞丢了？便觉天昏地暗；等又生出褥疮，一连数日只能歪七扭八地躺着，才想到端坐的日子其实多么晴朗；后来又患尿毒症，经常昏昏然不能思想，就更加怀念起往日时光。终于醒悟：其实每时每刻我们都是幸福的,任何灾难面前都可能再加上一个"更"字。

  这里所诠释的幸福就是拥有健康,只要活着,就是幸福,因为只有活着,才能体会到生活百态,才能有资格说幸福与不幸。

  当我们奔波于现实之中,沉浸在名与利的泥潭里时,蓦然回首时突然发现,真正的幸福恰恰就在出发的原点。而当初我们却坚信它在更远的远方!

  给自己的幸福画一条最浅的底线,我们才会从最平常的日子、最琐碎的事情里品尝到幸福的滋味。

目录

篇一　迷茫篇
凝望失落的灵魂，幸福之神何时眷顾

回想我们童真的孩提时代，得到快乐是多么的容易，一根冰棍、父母的一个温暖的拥抱，就能够让我们绽放出知足而幸福的笑容。而如今，岁月就这样慢慢流逝着，我们的身体越来越强壮，而欲望也在随之不停地膨胀，当我们在不断地挖空心思追名逐利时，却发现自己已经越来越不像自己。幸福，究竟是什么，为什么想有的都有了还是不快乐？其实，幸福离我们并不遥远，只是我们早已将其忽略，在各种各样的欲望面前痛苦地灼烧着自己的内心。

第一章　一路走来，欲望怎就灼伤了内心

1. 左手金钱，右手权力，却握不住幸福……………… 2
2. 在物欲里，爱情也会沉沦………………………… 6
3. 贪婪只会让我们迷失方向………………………… 9
4. 赌掉的原来不仅仅是金钱………………………… 12
5. 愤怒有时候烧伤的只是自己……………………… 16

给 幸福一条最浅的底线

6. 放纵之后，剩下的为什么总是空虚 …………………… 20
7. 自满有时候是疯长的蒿草 ………………………………… 23
8. 在知足中，让灵魂找到归属 ……………………………… 26

第二章　左顾右盼，缥缈的心怎就不再执著

1. 执著的酒，竟会越酿越苦 ………………………………… 31
2. 舍得原来只是一个过程 …………………………………… 35
3. 不要一条路走到黑，变通会让你找到出口 …………… 39
4. 忘记有时候只要一颗心 …………………………………… 43
5. 生活还有很多的色彩 ……………………………………… 46
6. 只要是合适的，好马也吃"回头草" …………………… 50
7. 豁达可以看到不一样的风光 ……………………………… 54
8. 好床也要"好梦"的相伴 ………………………………… 58

第三章　狂奔过后，满满的怎就只剩疲惫

1. 牛角尖里找不到出口 ……………………………………… 62
2. 不要摧毁了灵魂的慰藉之所 ……………………………… 66
3. 忙碌也要有底线 …………………………………………… 70
4. 并非所有的坚持都会成功 ………………………………… 74
5. 贫穷，并不代表灵魂的贫瘠 ……………………………… 77
6. 吸尘器中也可以找到幸福 ………………………………… 81
7. 疲惫可能源自心灵受伤 …………………………………… 85
8. 让自己慢下来，会有意外的收获 ………………………… 89

篇二　探求篇
试探生活的深浅，追觅幸福的尺度

　　许多人一生都在追求幸福，却一直被幸福之神拒之门外，是因为他们所谓的幸福，总和自己相距甚远，甚至，他们心目中的幸福，只是一个幻想、一个遥不可及的梦。而有些人却找到了，是因为他们懂得用心去考究生活，用爱去勾勒幸福的细枝末节，他们明白，人生应该永不言弃，在纷繁间寻觅人生的真谛，他们能点亮那盏心灵永不熄灭的火把，驱散迷雾，最终试探到生活的深浅，追觅到幸福尺度。

第四章　修剪欲望，心灵洪荒岂会泛滥成灾

1. 用艺术的眼光雕琢生活 …………………………… 94
2. 修剪过枝叶的树，才会长得茁壮 ………………… 98
3. 在知足中体会常乐 ………………………………… 102
4. 懂得给自己的人生做减法 ………………………… 105
5. 用爱沐浴，寂寞也会打退堂鼓 …………………… 109
6. 做自己情绪的主人 ………………………………… 113
7. 琐碎也是一种别样的幸福 ………………………… 116
8. 学会填充，心灵就不会闹洪荒 …………………… 120

第五章　收放自如，心灵杂草岂会疯长

1. 放开，是爱的另一种诠释……………………124
2. 拥有梦想的人生没有渺小……………………127
3. 幸福有时候只是相对论………………………131
4. 给烦恼加个休止符……………………………134
5. 敞开心扉，积极拥抱生活……………………137
6. 微笑是蒙着面纱的幸福………………………141
7. 每个人都有自己的那个彩色贝壳……………145
8. 心灵也需要我们谨慎保养……………………148

第六章　恬静淡然，自然中体会人生真谛

1. 让爱变成一种习惯……………………………153
2. 在云淡风轻中拨开幸福的迷雾………………157
3. 谦让，是有灵魂的生命艺术…………………161
4. 给心灵松绑，让梦随之飞扬…………………164
5. 快乐原本就在我们身边………………………168
6. 淡定有时候会让我们得到更多………………171
7. 学会在失败中收获人生………………………175
8. 生命有时候需要的只是一条警戒线…………179

篇三　释然篇
体味幸福的甜美，描绘底线的温柔

为了赚钱，忙于工作，人往往像一趟没有回程的火车，总是忙忙碌碌，不停地向前奔波，因此，忽略了窗外的风景，错过了许多美好的东西。而当有一天生命列车突然到达终点，我们才会觉得遗憾，开始为自己错过的时光而悔恨，可是，时光一去不复返，再也回不到那些从前。因此，在我们生命行走的过程中，善待每一天，用心去体味幸福的甜美，给幸福一个浅浅的底线，并用心去描绘底线的温柔，让我们生活的每一天都美好、充实、快乐和幸福。

第七章　捕捉生活，平淡中咀嚼幸福滋味

1. 活力和热情，让你离幸福更近一步……………… 184
2. 在相互分享中收获快乐与满足…………………… 188
3. 平淡中也有幸福的痕迹…………………………… 191
4. 瞬间的感动有时候就是一种永恒………………… 195
5. 坦然让我们闻到生命的芳香……………………… 199
6. 在细节中收获成功的幸福………………………… 202
7. 看淡成败，学会在过程中体味乐趣……………… 205
8. 昂起头走路，更能领略生活的美好……………… 209

第八章　伸展双翅，让生活载着爱自由翱翔

1. 用爱经营，给心灵一个春天……………………………213
2. 爱是带着翅膀的天使……………………………………217
3. 信任让我们找到彼此的归属……………………………220
4. 不要让金钱成为婚姻的砝码……………………………223
5. 包容也是爱永久的保鲜膜………………………………227
6. 快乐的生活无关形式……………………………………231
7. 让感恩给幸福更充足的阳光……………………………235
8. 亲情是一杯香茗，需要我们细心品味…………………239
9. 不要吝惜你的爱…………………………………………243

第九章　完美停顿，细致间勾勒人生完美弧线

1. 扮演好自己的角色………………………………………247
2. 盲目攀比只会让自己迷失………………………………251
3. 一份兴趣，让你沉醉在工作的乐趣中…………………254
4. 不苛求让我们的路越走越宽……………………………257
5. 一个叮咛，整个冬天不再那么寒冷……………………261
6. 学会给自己的人生标逗号………………………………265
7. 坚持，有时接近幸福只需一小步………………………268
8. 让幸福成为自己人生的基色……………………………272

篇一　迷茫篇
凝望失落的灵魂,幸福之神何时眷顾

　　回想我们童真的孩提时代,得到快乐是多么的容易,一根冰棍、父母的一个温暖的拥抱,就能够让我们绽放出知足而幸福的笑容。而如今,岁月就这样慢慢流逝着,我们的身体越来越强壮,而欲望也在随之不停地膨胀,当我们在不断地挖空心思追名逐利时,却发现自己已经越来越不像自己。幸福,究竟是什么,为什么想有的都有了还是不快乐？其实,幸福离我们并不遥远,只是我们早已将其忽略,在各种各样的欲望面前痛苦地灼烧着自己的内心。

给 幸福 一条最浅的底线

第一章 一路走来，欲望怎就灼伤了内心

回想我们童真的孩提时代，得到快乐是多么的容易，一根冰棍、父母的一个温暖的拥抱，就能够让我们绽放出知足而幸福的笑容。而如今，岁月就这样慢慢流逝着，我们的身体越来越强壮，而欲望也在随之不停地膨胀，当我们在不断地挖空心思追名逐利时，却发现自己已经越来越不像自己。幸福，究竟是什么，为什么想有的都有了还是不快乐？其实，幸福离我们并不遥远，只是我们早已将其忽略，在各种各样的欲望面前痛苦地灼烧着自己的内心。

1. 左手金钱，右手权力，却握不住幸福

众所周知，任何人都希望自己的生活幸福，但是很多人却又在追求幸福的过程中迷失了方向。左手金钱，右手权力，幸福就在那双手之间，但是欲望就像黑洞，无限膨胀中只会让我们的内心伤痕累累。放弃金钱和权力的牵绊，我们的幸福会更多一点。

有钱人是不是真的很幸福？手握重权的人是不是可以享受到人

篇一 迷茫篇
凝望失落的灵魂，幸福之神何时眷顾

生最大的幸福？相信很多人都这样思考过：只要我赚足够的钱，拥有足够大的权力，我就可以让家人过得很幸福，我自己也就是世界上最幸福的人。如果真的要问幸福的标准是什么，估计有一部分人会说有钱有权就是幸福，难道幸福真的只是建立在金钱和权力的基础上的吗？

我们时常看到一些人穿金戴银，所以理所当然地认为他们很幸福。其实幸福并不是我们眼睛看到的那么简单，穿戴华丽，吃香喝辣并不一定是真正的幸福。真正的幸福其实是一种发自内心的满足感，是对生活的一种希冀。真正幸福的人拥有一个充实的灵魂，他不会被欲望所左右，他知道自己的人生应该追求什么，知道自己需要什么。

张峰在很小的时候就梦想着自己有一天过上有钱人的生活，因为他害怕贫穷。他是土生土长的农村人，家里因为兄弟姐妹多，作为老大的他为了帮助父母减轻负担，很早就加入了打工仔的队伍。

打工的日子是最难熬的，刚开始的时候吃不饱，过重的体力活让张峰苦不堪言。就在那时候，他要成为有钱人的信念更加坚定了。在一次偶然的机会中，他替自己的老板蹲了3年的大牢之后，终于有了出人头地的机会。在老板的帮助下，他从一个劳改犯跃身成为一家大型公司的管理者，于是张峰理所当然地成为了众人追捧的对象。

张峰终于有钱了，他将家人接到了自己安身的城市，他的弟弟、妹妹们都在他的帮助下有了很好的安身之处。但是张峰的内心却越来越不安，他知道自己蹲过大牢的事一旦被公布，他就会一无所有。所以为了保住这个秘密，他不得不帮自己的老板干下许多不可见人的事情。他的内心经受着不断地煎熬，那种想象中的幸福感也消失无踪。有时候，他甚至在想，有钱人真的是最幸福的吗？

经由以上的事例我们可以看出，张峰虽然过上了他自以为的幸福生活——有钱人的生活，但是真正的幸福却没有降临在他的身上，当他得到想要的一切后，幸福却被提心吊胆所替代。虽然这个例子比较特殊，但是只要我们处处留意，就会发现有很多人都在模仿着张峰追求幸福。为了自己认知中的所谓幸福，正在不断地被自己膨胀的欲望吞噬着，逐渐迷失自己，让生活也变得面目全非。

有的人会说，既然过于追求金钱会让人们被欲望吞噬，让幸福失去本性，那么手中拥有权力不为过吧，我们可以运用权力得到自己想要的东西，只要需求被满足，这难道还不算一种幸福吗？一个人的需求被满足，这固然是一种幸福，可是我们也知道，很多人在拥有权力后，他的需求就会变得无比大，想要满足其，需要的代价并不是一般人可以承受的。需求一旦超出极限，那这种需求就不再是需求，而是无尽的欲望了。在欲望的支配下，能够清醒的又能有几人？在欲望的控制下，能真正得到幸福的又有几人？

林青在步入监狱前的那一刻，从来没想到自己会走到今天这一步，说实话，自己从一个小小公务员拼命地奋斗，终于爬到了某机关的第一把交椅上，还没有追求到自己想要的幸福呢，监狱却向他敞开了大门。他真的不服气，也很不甘心。因为他还没有享受到幸福的滋味呢！

林青为什么说自己没享受到幸福的滋味呢？原来，他之前以为的幸福就是开名车，住豪宅；受众人尊敬，他明知道那些人尊敬他是因为他手中的权力，但是他还是喜欢那种感觉；有多个魅力又性感的"小蜜"……所以，在他坐上第一把交椅之后，他就逐一实现了这些"幸福"。但结果他因此而失去了儿女们的尊重和爱，几十年患难与共的妻子也离家而去，之前美满的家庭没有了。虽然有一些人的逢迎追捧，但是口不对心的语言让他厌恶至极；过去看上去异常诱人的"小蜜"也索然无味了……

他是带着一种不甘心走进监狱的，他今天之所以会走到这一步，全部是为了追求幸福，可是拥有的权力越大，幸福反而离他越远，这到底是为什么？或许他会在下半生的监狱生涯中想清楚……

看到这个事例，我们的心情应该是沉重的。林青一直在追求他所谓的幸福，但是他太过贪心，最终被幸福抛弃。从这个事例中，我们可以知道，权力和金钱一样，并不是唯一用来衡量幸福的标准。

左手金钱，右手权利，并不一定就会幸福。幸福不会和膨胀的欲望扯上关系的，所以我们想要追求幸福，就应该让自己的生活变得充实，让自己的人生摆脱金钱和权力的控制。

幸福箴言

很多人一生都在追求幸福，但是很多人穷尽一生也不知晓幸福的真正涵义，注注将幸福陷入膨胀的欲望中，把金钱和权力作为评判幸福的标准。想要得到真正的幸福，就应该摆脱欲望的牵绊，让灵魂不再失落，让我们的人生受到幸福之神的眷顾。

2. 在物欲里，爱情也会沉沦

每个人都希望得到纯粹的爱情，希望自己的爱情不掺杂任何杂质，更不希望自己的爱情和金钱、权力等联系起来。但是，有些人被利益所左右，甚至将爱情当成了彼此交易的筹码。因此，面对爱情，只要能抛开物欲的牵绊，还爱情一个真实的面目，距离幸福就会更近一点。

如今，爱情不再是两个人之间彼此相爱这么简单，而是和诸如房子、车子等这些东西联系起来。似乎只要你拥有这些东西，爱情随时都会有。可是，建立在这些物质基础之上的爱情，显然已经失去了爱情原本的纯真，难道这样的爱情真的能长久？

经常看娱乐新闻的人或许都注意到影视圈的一些爱情故事，一些明星动辄就嫁给富豪，一场婚礼足够普通人吃喝一辈子，派头场面真的很风光。然而，风光过后，爱情也摇摇欲坠，闪婚闪离也变得犹如家常饭一般。其实，真正的爱情，更多时候只要两个人彼此相爱，不去看身家背景，不论地位财富，只是两颗心之间的契合，两个灵魂的彼此吸引和珍惜。真正的爱情，它不会依附在金钱之上，也不会做利益的俘虏，更加不会沉沦在物欲之中，它不会受任何东西的牵绊，因为只有纯粹的爱情，才会擦出幸福的火花，让爱和被爱都感受到爱的美好和珍贵。

李萌对爱情最大的期望就是有一天能嫁给有钱人，过上富足的

篇一 迷茫篇
凝望失落的灵魂,幸福之神何时眷顾

生活,像那些有钱人家的阔太太那般,住豪宅,开名车,浑身上下都是名牌。她希望自己能像偶像剧中的女主角那般,从灰姑娘变成公主,而她的王子,最大的特点就是多金。

因此,她对自己择偶的条件罗列得很明了,要多金,年龄和长相只要说得过去就行,没钱的闪开。当然,她对自己的条件很自信,虽然出生在工薪家庭,但她早已通过自己的努力让自己变得和许多名媛千金没有什么差别,因为不论是长相还是才能,她都足够优秀,这让她对自己的爱情和婚姻满怀信心。

李萌也很幸运,千挑万选之后,终于找到了一位自己理想的伴侣,他不仅多金,而且还年轻,长得也帅。李萌一直觉得那是老天对她的垂怜,当她遇到她心目中的王子的时候,她没有考虑其他的,一见钟情和闪婚,都理所当然地发生在了她身上。她拥有了一场华丽而壮观的婚礼,婚后,她也过上了自己梦寐以求的富足生活,豪宅、香车、名牌,那根本就和她为自己规划的未来没有什么两样。

但是好景不长,不到半年的时间,李萌就发现她的王子竟然背着她和别的女人出双入对,而更多时候,陪伴她的只有豪宅、香车,还有那些不会说话的名牌,她丝毫感觉不到家的温暖,更感觉不到当初那个让她一见钟情的王子的爱。她变得暴躁、忧郁,每日每夜都和孤独为伴,她一点都感觉不到幸福。

渐渐地,她陷入了一种连她自己都觉得无比痛苦的境地,尽管她清楚,自己的婚姻早已名存实亡,丈夫的心早已不在她身上,但是,她却不想失去她所拥有的生活,她不想离开上流社会,不想回到以前那些没钱的日子,所以她一再忍让丈夫的背叛,从没有提出离婚,而另一方面,她内心实在无法忍受自己的丈夫背叛自己的事实,她背地里无数次地跟踪、调查,甚至不顾颜面去找"小三"理论,她甚至天真地想通过息事宁人的方法挽回自己的婚姻。然而,最终,她还是没有能挽回那一切,为了排遣孤寂,她经常出入酒吧、夜店,被丈夫发现后,将她扫地出门。她不仅没有得到自己应有的一切,就连不该失去的也都失去了,而她的人生也因此变得一塌糊涂。

当然,李萌的悲剧婚姻,更大的原因是因为她对爱情的盲目追求,她所谓的爱情,其实根本不是爱情,只是对物质的一种追求,拥有金钱和财富的婚姻,未必就会幸福。尽管她对丈夫一见钟情,或许,她一见钟情的并非是她丈夫本人,而是她丈夫所拥有的财富,而她根本没有考虑到她丈夫的人品,也没有考虑其他的就嫁了,没想到,自己嫁的那个王子却是个花心大萝卜,这样的爱情,注定以失败结束。

看到李萌的不幸,或许每个人或多或少都会有点同情她,其实对于爱情,每个人都有自己不一样的追求,但不论如何,我们都应该懂得,在爱情的世界里,财富不是衡量其的唯一标准。

面对物质世界,有些人或多或少会丧失判断的能力。但不管怎么样,我们都不应该拿它去衡量爱情,更不应该将它作为赌注去赌自己的婚姻和幸福。因为爱情和婚姻都并非儿戏,都不应该被那些外在的东西所控制,让它们失去自己原有的纯粹。

幸福箴言

幸福更多的时候是一种发自内心的感觉,它和物质的多少并没有必然的关系,或许,物质的丰足在一定程度上可以增加幸福的指

数,但却不是幸福存在的必然条件。因此,不要让爱情变成物欲的俘虏,我们应摆脱物欲的掌控,紧握属于自己的幸福人生。

3. 贪婪只会让我们迷失方向

面对生活中形形色色的诱惑,许多人都无法做到淡定,尽管"知足常乐"的道理人人都懂,但真正能做到的人又有多少呢?正是这种不知足,让许多人陷入了贪婪的绝境,越陷越深,以至于走上了不归路,最终迷失在了茫茫人海之中。

贪婪其实就是一种心理病态的表现,是一种对物欲的过分追求,贪婪者往往有着很大的胃口,恨不能将所有的东西都"吃"进去,他们认为,唯有无止境地占有和索取,才能满足自己的心理需要。贪婪就像是寄生在人体内的一条毒虫,不断地啃噬着人的肉体,以至于灵魂也遍体鳞伤。

贪婪的人只知道用尽所有手段去索取,他们根本不懂得罢手,一旦走上贪婪的路,就再也无法回头,他们所有的快乐、幸福、痛苦和不幸,都关乎贪婪,贪婪或许让他们变得富有,可是,越是贪婪,他们的心灵就越空乏,生活的压力就越大。而往往因为他们的过度贪婪,让自己沉浸在不切实际的幻想中,以至于错失许多美好的东西。

有一位年轻人,他的房子在一次水灾中被大水冲走了,家也毁了。于是,他孑然一身,流落他乡。有一天,他乞讨到一个村子,终因体力不支而晕倒了。

后来，村中的一位好心人把他救醒，收留了他几天之后，就把一根鱼竿送给他，并告诉他："我实在没法长久帮助你，这里有一根鱼竿，离开我这里之后你一直往前走，就可以发现一个湖和一间废置的破屋，你就去那里生活吧！"

流浪人连忙向他道谢，他觉得这个人简直就是他的再生父母。他绝处逢生，心里充满了感激和欣慰。年轻人有了希望之后便十分勤快，他靠着湖里的鱼和屋旁的几亩田，勉强维持生计，填饱了自己的肚子。

有一天，他在钓鱼的时候，忽然发现自己的鱼钩好像钩住了什么重物，于是他使尽力气将它拉上来一看，竟然是一个金光闪闪的锅。他喜出望外，知道自己的命运要发生巨大的改变了！他变卖了这个金锅，换了许多的银子，他用这些银子盖了一座漂亮的大房子，还娶了一房媳妇，又买了田产。他还雇了几位勇猛的家丁，保护他的家和那一个湖，怕别人垂钓的时候发现他的秘密。

享受着荣华富贵，他的日子越过越好，靠着那些田产，他的腰包里揣满了银子。但是，慢慢地他发现自己目前拥有的财产、妻子，还有各种各样的享受让他越来越觉得乏味了。他觉得他必须拥有更多的财物和田产，他需要更多的妻妾和佣人来侍奉。

终于有一天，他想到了实现自己梦想的方法，他不相信这湖里只有一个金锅，应该还有更多的宝藏。于是，他雇佣了大批的工人，让他们下湖去为自己找寻宝藏，果然又有一个金铲子被发现了。看到金铲子之后，富人更是雄心万丈，他立誓要变成世上最富有的人。于是他雇佣了更多的工人来替他寻宝。

篇一　迷茫篇
凝望失落的灵魂，幸福之神何时眷顾

就在那段日子里，雨季来临了，大雨一直下个不停，湖水渐渐涨起来了，富人还是不愿意停止他的寻宝计划。工人们一个个离去了，终于湖水泛滥，淹了他的家，他的妻子劝他逃走，但是他依然不肯离开，一心只想着自己的黄金梦，最终富人被水淹死了。

就像这个故事里的人，他先是从一个一无所有的流浪汉成为一个拥有田产房屋的有钱人，但是因为他的贪婪、不知足，最终不仅变得一无所有，甚至连性命都丢了。贪婪不仅让他的生活变得一塌糊涂，连心灵也被拷上了沉重的枷锁。其实人生一世，本来就很短暂，要懂得绕开贪婪的陷阱，你才能够享受到人生的快乐，才能感受到生活的幸福。

俗话说：欲壑难填。无穷无尽的欲望，会让人变得越来越贪婪，贪婪导致的结果，往往会让你丧失生活的乐趣，因为无休止的贪婪，会毁了原本美好的生活，幸福又从何谈起？

上帝来到一个穷人的家，见他家里什么都没有，甚至连吃饭都成问题。可是，孩子们却十分高兴，那个穷人也并不因家境贫寒而闷闷不乐。上帝说："你们这么穷，为何还这么高兴？"那穷人反问："我们穷吗？我们只是没有钱而已。"这个回答震撼了上帝。

难道这个回答在震撼到上帝的同时，还不能够震撼我们吗？没有钱并不一定代表贫穷，钱只是物质，而心灵上的充实才是真正的财富。想想看，人生在世，为的就是活得幸福快乐。而这一切来源于什么？就是拥有一颗不贪婪的心。

希望还在因为贪婪而奔波忙碌的人们能不时地停下自己的脚步，停一下，或许就能看见生活的美好，能享受到人生的幸福和快

给幸福一条最浅的底线

乐，物质只是外在的，生不带来，死不带去，每个人到头来都免不了一抔黄土掩体，追求再多的物质，也无法长久地享受下去，唯有心灵的自在、灵魂的放松，还有那颗懂得知足的心，才能让自己活得更幸福、更快乐。因此，请不要再贪婪，不要因为贪婪而迷失了方向。

幸福箴言

人生在世，要懂得知足，贪婪就像魔鬼，会将我们的生活搞得乱七八糟。对于物质的追求，应该有个度，过分的贪婪，即便让我们能拥有更多的东西，但往往失去的要比拥有的更多。贪婪，只会让我们的心灵负债累累，让我们身心俱疲。唯有懂得知足，幸福才能相伴左右。

4. 赌掉的原来不仅仅是金钱

总有一些人想不劳而获，幻想通过赌博获得更多的财富，因赌博一夜暴富或许早已不是天方夜谭，但是因此而输得精光的人，也不是没有。其实赌博就像是一个欲望的黑洞，一旦钻进去，就再也爬不出来，如果侥幸能赢，赢来的只有金钱，可是一旦输掉，输掉的就不仅仅是金钱，还有比金钱更珍贵的东西。幸福其实是有自己的底线的，生活很多时候也是一场赌博，但是千万不可以随便就将自己的幸福输掉，把握好那根底线，将幸福紧紧抓在手中，才是聪

篇一 迷茫篇
凝望失落的灵魂，幸福之神何时眷顾

明人的选择。

时代在不断地进步，乃至很多人的欲望也与之俱增，并不断膨胀。也就是这时候，一种叫做赌博的毒瘤开始肆意蔓延，为了满足更多的物质需要，有人输钱财当房产，有人出卖朋友遗弃父母，更有甚者出卖自己的身体放弃自己的尊严。生活还是脚踏实地一些好。

不要去做那些不切实际的梦，赌博往往只是依靠运气，也许你今天赢了，为此你肯定会想赢到更多，但是，如果输了的话，你肯定也不会甘心，还想着去捞本，就这样，你会陷入赌博的泥沼，再也无法翻身，直到有一天，当你输得精光的时候，你输掉的也许不再是金钱，还有你的自信、勇气、热情，甚至是家庭和你所拥有的所有东西。

有些人有着幸福美满的家庭和生活，就因为赌博，到头来变得倾家荡产、妻离子散，这样的事情早已见惯不怪了，其实想想，为了那些不切实际的欲望，而毁掉原本美好的生活，真的不值得。赌博就像是魔鬼，一旦沾染，就很难摆脱，终有一天，它会将你及你拥有的一切都吞噬掉。

刘米大学毕业之后，很幸运地考上了公务员，经过几年的打拼，不论是工作还是家庭都有了预想中的圆满。更加让他欣喜的是，结婚一年后，喜得一对龙凤胎，这给原本美满的家庭添了更多喜气。

刘米成了大家都羡慕的对象，而他自己也对生活充满了自信和向往。由于他工作比较悠闲，平时下班帮妻子买买菜、带孩子玩玩是他人生的一大乐趣。

然而，这样的日子持续了3年。刘米原以为自己会一直这样幸福地生活下去，可是，偶然的一次机会，打破了他原本平静的生活，从此之后，他再也找不回当初的幸福感觉。

那是一个周末，他应邀去和几个朋友聚会，原本大家在一起，也就是聊聊天，喝喝小酒，但那天喝完酒之后，有人提议搓几圈麻将，本来刘米就不会打麻将，只是在一旁观看，但中途有人去上厕所，就让他顶替了几圈。结果这一顶替，刘米这个不会打牌的人，几圈下来，却赢了好几百。这下，刘米对打麻将有了信心，他觉得这钱来的还真容易，玩着玩着就赢了钱，比他每天朝九晚五地上班强多了。或许就是因为这个念头，让他彻底地走上了不归路。

从此之后，刘米厌倦了原本的生活和工作，一有时间就去搓几圈，之后他的运气似乎没有第一次那么好，大多的时候他都会输，越输他越觉得不甘心，每次输了之后，他告诉自己，下次一定要连本带利捞回来，可是到了下一次，还是无法将输掉的都赢回来。刘米很不服输，他觉得他的运气不会一直这么差，渐渐地，他开始将赌注加大，但是几个月的时间，刘米几乎输掉了一年的工资，为此，妻子多次和他争吵。刘米也挣扎过，他想从此罢手，但总是心有不甘，于是他又偷偷地去赌，他甚至想过赌最后一次，只要捞回本就罢手。然而，事实并非他想的那么简单，似乎好运和他再也无缘了。

就这样，刘米最后连房子都押进去了，但他还是没有赢。输掉了房子，刘米没有脸回家见妻儿，他成天躲在外面不回家，班也干脆不去上了，而他的妻子和儿女，也被人家赶出了家，无奈之下回了娘家。妻子彻底对刘米绝望了，他们之间的婚姻也走到了尽头。

篇一 迷茫篇
凝望失落的灵魂，幸福之神何时眷顾

刘米原本美满幸福的生活，就因为他赌博而断送了，而他的一生，也因此而毁灭。想必，刘米当初根本不会想到会有这样的结果，他只是为一时的利益所诱惑，以至于越陷越深，再也无法回头，最终走到了穷途末路。其实有好多赌博的人和刘米一样，他们总想着碰碰运气，想着能一夜暴富，殊不知，天上是不会掉馅饼的。

有的人会说：我的运气不会一直那么差，总有一天我会连本带利捞回来的，只要让我再赌一把，我相信，这一把，我会咸鱼翻身，会将输掉的一切都赢回来的。其实这种心理只会让自己越陷越深，就因为这种念头，才将自己所拥有的全部都搭进去。人往往在面对诱惑的时候无法及时刹车，这种膨胀的欲望就像是一盏将人引向毁灭的魔灯，这条路上，也许会有能够满足我们心理的东西，却和幸福无关。所以，要想获得幸福的生活，就要依靠自己辛勤的劳动，任何投机取巧的方式都无法使我们得到真正的幸福，而赌博更不可能让自己得到幸福的生活。

幸福箴言

幸福生活需要我们用汗水和辛勤的劳动去创造，而非赌博，赌字里藏着悲剧。一旦陷入赌博的深渊，就会万劫不复，在这条路上，永远碰不到幸福。因此，要想拥有幸福美满的生活，就应该远离赌博，让赌博永远都不要出现在自己人生的字典里，只有这样，幸福之神才会悄然而至，让我们的灵魂不再失落。

给 *幸福* 一条最浅的底线

5. 愤怒有时候烧伤的只是自己

生活中，总会遇到一些让人愤怒不已的人和事情，宣泄和报复并不是唯一的手段。要知道愤怒火焰燃烧的背后，烧伤的不仅仅是我们要报复的人，或许还有我们自己。幸福是有自己的底线的，不要用愤怒之火烧伤自己，遇事莫冲动，也不要在生气的时候去做选择，紧紧把握住幸福的底线，消弭自己内心的怒火，这样才不至于做出傻事，让自己追悔莫及。

罗比特17岁那年，刚好读初中三年级。他的父亲在市场上摆摊儿做小买卖，挣点钱以养家糊口。一天中午，罗比特放学回到家里，见屋子里聚了很多人，有亲戚有朋友，大家议论纷纷。而他的母亲和哥哥却满面愁容。他心里"咯噔"一下，预感到有什么不好的事发生了。一问才知道，原来他的父亲被抓走了。

事情是这样的：那天早晨，市场管理所一位女工作人员到各个摊位上去收费。罗比特的父亲生性耿直，他认为有些费用不合理，便同那位工作人员争辩了几句。女工作人员争辩不过他的父亲（后经查，他们的收费项目中确实有不合理收费），就报警说他父亲妨碍公务，带头抗税。于是，随后赶来的公安人员把他父亲带到了派出所。一个上午过去了，他父亲一直没有回来。

罗比特听后气愤极了。下午他和哥哥到市场上将父亲剩下的货处理完，便开始四处打听那个女工作人员的去向，终于找到了她的

篇一 迷茫篇
凝望失落的灵魂，幸福之神何时眷顾

办公室。在她下班的时候，罗比特和哥哥在后面一直悄悄地跟踪到她的家，并画了一张路线图。

罗比特在第二天的课堂上，满脑子想的都是该如何报复那个女工作人员，根本没有心思上课。中午放学的时候，班主任张老师叫住了他："你先等一会儿。"看其他同学都走了，她才问罗比特："你昨天下午没来上课，今天上课时又魂不守舍，究竟发生什么事了？"罗比特根本没想到老师竟对他观察得这么细致。一向很坚强的他在慈母一般的老师面前终于露出了柔弱的一面——罗比特放声哭起来。张老师听他断断续续地讲完事情的原委，安慰了他一番，最后老师对罗比特说："我很理解你此刻的心情，不过我有一个小小的请求，希望你能答应。""请求？"罗比特有点不明就里。"是的。无论你有什么样的打算，请你一定等两天以后再说。等上两天，答应我，好吗？"看着老师那期盼的眼神，罗比特点了点头。

一天后，罗比特最初的愤怒开始淡化。又过了一天，他的父亲平安地回来了，父亲回来的同时还带回一个消息——自己被减免了3个月的税费。罗比特和家人都没想到，这件事竟会有这么一个皆大欢喜的结果！

然而罗比特心里又产生了一丝后怕。他难以想象，如果那天他真的采取了报复措施，他的命运将会产生怎样的巨变。他深深感谢自己的老师当时没有用大道理来说服他，而是让他先冷静下来缓和心情。她让罗比特的生活沿着正常的轨道一直运行着。

罗比特因为老师的劝诫冷静了下来，他没有放任内心愤怒的火焰蔓延，他没有采取任何宣泄和报复的行动，而是耐心地等待了两天，就在这两天之后，奇迹出现了，父亲安然回到了家，而且带来了让人意想不到的好消息。罗比特没有轻易越过幸福的底线,也没有让怒火烧去理智,所以得到一个皆大欢喜的结局也是理所当然的。

但是在现实生活中,有些人就很难控制自己的情绪,他们几乎时时刻刻都在期待着幸福,等待着好运的降临,但是他们却又把握不住幸福的底线。一旦遇上事情,他们就会因为愤怒而失去理智,进而将原本不怎么大的事情变大,然后弄得一团糟。然而,在怒火的燃烧下,烧伤的又岂止是别人?

那么我们怎么样才能控制住自己的怒火,把握住幸福的底线呢?不妨看看以下几点建议:

1. 用理智让自己冷静下来

在遇到事情的时候,先别着急发火,而是迅速分析一下事情的前因后果,尽量避免自己陷入冲动和鲁莽之中。比如,当我们被别人无聊地讽刺、嘲笑时,暴怒、反唇相讥,最大的可能就是引起双方争执不下,当然怒火也会越烧越旺,自然于事无补。但如果此时我们提醒自己冷静一下,采取比较理智的解决方法,那么反而会让对方感到尴尬。

2. 转移自己的注意力

我们之所以遇到事情会生气,主要是因为这些事情触动了自己的尊严或者切身利益,一下子冷静下来是有些困难,所以当察觉到自己的情绪非常激动,眼看无法控制时,可以及时地转移注意力,以暗示的方法鼓励自己克制冲动。人的情绪往往只需要几秒钟或者几分钟就可以平息下来。只要平静下来了,相信剩下的事情也就好解决了。

3. 平时注意培养自己的耐性

平时可以根据自己的兴趣、爱好，选择几项需要静心、细心和耐心的事情做做。只要有足够的耐心，那么遇到事情的时候也就不会显得那么冲动，怒火当然也无法在我们的内心肆意点燃了，更不用说会烧伤自己了。

其实，很多时候愤怒是一种伤人又伤己的情绪，面对生活中的种种，我们没必要让怒火轻易控制自己。生活是很美好的，只要我们懂得生活，喜欢生活，紧紧把握住幸福的底线，拥有自己的做人原则，那么我们就可以受到幸福之神的眷顾，享受到人生中的快乐。

幸福箴言

情绪就像四季般自然发生，而愤怒也像是一个不听话的孩子，总是喜欢跨越幸福的底线，将我们的生活搞得乱七八糟。生活中，并没有那么多值得生气的东西，幸福是有一定的底线的，是让怒火冲破这道防线，破坏我们的幸福，还是让冷静保护着防线，享受到幸福，那就看我们如何把握了。记住，愤怒有时候烧伤的只是我们自己。只有远离愤怒，才可以让生活充满幸福。

6. 放纵之后，剩下的为什么总是空虚

放纵是一种对内心欲望的纵容，是一种对现实和自我的逃避，经常放纵自己的人，他们的思想和行为就像一匹脱缰的野马，放弃了绳索的束缚，肆意妄为，看似得到了自由，其实失去的岂止是快乐和幸福，还有更多。

人活着，总要面对形形色色的压力，承担各种各样的责任，甚至那些生活的琐碎压得我们难以喘息。这个时候，我们想到更多的或许就是放松，放松是一种对现实生活的调整，它会让我们的生活良性发展。但也有人想到的是放纵，放纵却是一个不折不扣的坏蛋，它会将我们的生活搞得一团糟，会突破幸福的底线，让我们丧失理智。所以我们时常会发现，放纵之后，不仅要重新面对生活，甚至还要花费大量的时间来平复放纵带给我们内心的伤害，或者是更多的荒芜和空虚。

张洁从来都不敢相信自己和未婚夫的感情会走到这一步，说实在的，她和未婚夫自认识以来，前后算起来都快10年了，而恋爱也有8年的时间。她一直认为他们之间的感情很牢固，虽然这些年来因为工作的关系而分居两地，但他们之间的爱，却丝毫没有因为距离而产生隔阂，相反，正是因为这个距离，才更加美好。可是，如今，面对这份感情，她再也感觉不到丝毫的幸福和期盼，更多的是对未婚夫的内疚和歉意，她甚至觉得自己再也无法拥有一份

篇一　迷茫篇
凝望失落的灵魂，幸福之神何时眷顾

真爱。

　　为什么张洁再也感觉不到幸福的滋味了呢？事情归结于她偶然的一次放纵。大家都清楚，异地恋聚少离多，两个人见面的时间很少，更多的是分别的痛苦和没有人陪伴的孤寂，张洁也一样。她每天除了上下班，就是一个人面对她所在的城市里每天上演的浪漫故事和灯红酒绿的诱惑。这些年以来，她都按部就班地生活着，生活过分平静，她每天下班最大的娱乐就是和未婚夫视频聊天。久而久之，她在网上认识了一些无聊的人，其中就有一个男的，和她在同一个城市，更巧的是离得还很近，她和他时不时地聊聊天。

　　就在张洁23岁生日的那一天，她没有等到未婚夫的电话，也没有等到任何的礼物，她很伤心。傍晚的时候，在网上闲逛，又碰到那个男的，于是聊了起来。张洁一如既往地对他无所不言，那男的得知是张洁的生日后，硬是要给张洁过生日，张洁答应了，他们相约在一个酒吧见面。见面很顺利，那人对张洁无微不至的关怀和照顾让张洁感觉到久违的温暖，那一夜，他们喝了很多酒，张洁感觉很开心，她甚至忘记了自己早已有了男友，而且准备下一个月结婚。他们像许多寂寞的人一样，似乎彼此找到了依靠，而且也发生了不该发生的关系。第二天，张洁对自己的行为很后悔，但她想着，难得放纵一次，就把这一次当作一个教训，她暗暗发誓，以后一定要全心全意地对待她未婚夫。时间过得很快，转眼间一个月过去了，张洁似乎也已经淡忘了那次对未婚夫的背叛。

　　他们的婚期如期举行，张洁又觉得自己是世界上最幸福的人。然而，就在婚礼当天，张洁晕倒在了婚礼当场，当送到医院检查后，原本是一件大喜事，却变成了张洁的悲剧。她怀孕了，而他的

给幸福一条最浅的底线

未婚夫不承认孩子是他的。张洁看着未婚夫伤心绝望地离去，她的心也碎了，她无力再挽回自己的爱情，也无颜再面对自己深爱的人，她只能流下悔恨的泪水。而且，更加让她绝望的是，自己的父母因此而觉得颜面扫地，再也不想认她这个女儿，还有，她腹中的孩子是多么的无辜，却要承受她所犯下的罪孽。而她所认识的那个男人，就在那一夜过后，莫名其妙地消失得无影无踪。再说，他们之间根本没有感情可言，她又不能去找他，所以这些只能由她一个人来承担。

看完这个故事，其实我们都清楚，张洁的悲剧是她自己一手造成的，虽然她和未婚夫分居两地，不能像大多数的情侣那样长相厮守，但他们之间 10 年的感情，是值得珍惜的。然而，她却因为孤寂而放纵了自己的感情，才让自己原本美满幸福的感情变得面目全非，而且给自己的人生种下了悔恨的种子。

或许每个人都有过想放纵一把的念头，其实那样的念头真的很可怕，放纵之后，根本不像我们想象的那样，会让我们感到轻松，人往往为了逞一时之快，而获得更多的痛苦和悔恨。其实每一次放纵，或多或少都会给我们带来伤害，让我们失去原本美好的东西，而我们的心灵，也会因为放纵而变得空虚。

其实，人的一生中多多少少会有一些被禁锢压抑的感觉，我们也会时常感觉到幸福并不在身边，这个时候首当其冲的就是说服自己把幸福的底线画得再浅一点，没必要刻意地要求它必须拥有怎样浓重的色彩。也许这时你就会发现原来生活的每一天都有幸福在包围着自己，这点点滴滴的美好怎能让一时兴起的放纵毁之一炬呢？

任何情感的宣泄都应该适度，适度的宣泄会让我们感到身心愉快，但是超越了幸福底线的宣泄，就会变成放纵。幸福的底线就好像是一个做人的原则，每个人只要遵循着这个原则，生活就会顺心顺意，要是一旦突破这个原则，那么生活的秩序就会被打乱，大多都不会有好结果。不要放纵自己，也不要放纵生活，要知道放纵只会换来更多的空虚。守住自己的原则，守住幸福的底线，只有这样，我们的生活才有快乐可言。

7. 自满有时候是疯长的蒿草

每个人都在追求幸福美满的生活，但是有时却往往因为把握不住幸福的底线而痛苦不堪。人生并不是一种煎熬，其之所以美妙就是因为构成它的因素需要很多。自满有时候就像疯长的蒿草，有了它的存在，我们的人生就会变得易碎，所以，割掉这些蒿草，还给人生一个平静，给幸福划上一条底线，这是每个渴望幸福的人该做的事情。

人生的幸福在于我们用谦卑的心不断地体会它、寻找它，它就好比一条浅浅的底线，既不要悲观地忽略它，也不要自满地吹捧它。我们生活的世界里，充满了形形色色的诱惑和欲望的陷阱，我们为了自己能够生活得更好而不断地奋斗、拼搏，为了我们不断膨

给 幸福 一条最浅的底线

胀的欲望而奔波、追求，我们有时候会失败，有时候也会和成功相遇，而每一次失败之时，我们都不要悲观失望，同样，每一个成功之后，我们也不应该得意和自满。

是的，自满有时候就像是疯长的蒿草，它会占据我们的心灵，让那瑰丽的心境中杂草丛生，一片荒芜；自满又像是一团乱麻，它会把我们的身心搞得一团糟，让我们看不到任何美好的东西，也感受不到任何幸福，它只会和各种膨胀的欲望勾结在一起，不断地啃噬我们的灵魂，以致我们最终迷失在人生路上，再也找不到出口。

小红是一名当红演员，她自出道以来，凭借自己清秀脱俗的容貌和八面玲珑的处世手法从一名默默无闻的配角很快晋升为好几部大片的女主角，她的成功羡煞好多圈内人。而她自己也因此身价一路飙升，她不仅购置了豪宅，每一次亮相也显得意气风发，得意非凡。她再也瞧不上其他的人。

每次拍片，她总会显得傲慢而自满，她不仅耍大牌，而且还动辄就欺负一些刚出道的演员，面对普通的工作人员，更是趾高气扬。一次拍片过程中，有个演员因为不小心打翻了桌上的咖啡，弄到了她的裙子上，她甩手就一个耳光，而且还破口大骂，说什么她那裙子价值不菲，那小演员几年也赚不来。

因为这次大打出手，她被曝光收敛了一段时间后，又爆出了更大的绯闻，本来圈内许多人都看不惯她骄傲的神情和趾高气扬的架势，而这次绯闻，更加大了人们对她的厌恶。渐渐地，很少有人找她拍片，而她也从当红女星变成了过气女明星，她的身价也一跌到底，更加让她受不了的是，她再也无法支付自己每个月高昂的花

篇一 迷茫篇
凝望失落的灵魂,幸福之神何时眷顾

费,似乎日子又变得像从前那样。可是她也知道,现在和以前不一样,以前的自己起码还有目标,有希望,她相信自己终有一天会火起来,而今,她要想再次红起来,那几乎不可能。

就这样,小红的演艺事业从巅峰跌向了低谷,而跌入这个低谷之后,她的人生再也没有了转机。为此,小红变得自暴自弃,成天泡在酒吧酗酒,日子过得颓废不已,每次回响起自己当初光鲜亮丽的人生,小红很后悔,她也意识到自己是因为太骄傲自满,目中无人才导致了现在的结果。但是世界上没有后悔药,她现在再后悔也是于事无补,她只能独自品尝自己酿造的苦酒。

生活中,像小红这样的人并不少见,其实他们都有一个共同点,那就是在成功的时候太过得意,太过自满,自满让他们目中无人,唯我独尊,因此,他们变得孤傲不群,人们逐渐远离他们,最终的结果肯定是失败。我们每个人都生活在社会中,需要和各种各样的人接触,为人处世应当诚恳坦率,不要虚张声势疾言厉色,懂得尊重别人,因为在工作和生活中,大家都是平等的,任何人都没有理由趾高气扬。

俗话说半桶水才会溢出来,没有内涵的人才会骄傲张扬,而真正有思想、有涵养的人永远只会谦卑地做人。不论在生活还是工作中,都应该抱有谦虚的态度,不要以为自己什么都知道、什么都会,其实,山外有山,人外有人,你没有更多的资本去骄傲,你只能更多地去学习。

生活是神奇的,它总是以千姿百态的样子出现在人们的面前。但是我们不可否认,所有的人都渴望幸福,渴望自己拥有美好的人生。但是,要知道幸福是有一定的底线的,这条底线可能是一种为人处世的原则,也可能是面对生活的一种态度,或者是对于成功等美好事物的一种追求……总之,可以说这条底线是由许多美好的因素构成的,自然,"自满"就成了它厌恶的对象。因为自满会让一个人高看自己,以至于显得目中无人,当然也会以一种高高在上的态度俯视生活。我们以什么样的方式对待生活,生活就会以相同的方式回报我们,我们忽视生活,生活也会忽视我们。所以,要想自己的生活充满幸福和快乐,就不要轻易跨越那条幸福的底线,放弃自满,学会谦逊地生活。

幸福箴言

人一生注注是一段坎坷的旅程,每一次航行都未必一帆风顺,不管是家庭还是事业都有不尽人意的时候,当然,没有人会永远倒霉,只要不断努力一定会迎来辉煌的时刻。割掉自满的蒿草,让它远离幸福的底线,善待自己,善待生活,那么我们就可以获得幸福的生活。

8. 在知足中,让灵魂找到归属

在生活和工作中,许多人都会感觉到压力和乏味,这种状况让他们无法找到一种归属感,当然也提不起对生活和工作的兴趣,他们只能"做一天和尚撞一天钟",凡事都马马虎虎,凑凑合合,随着时间的流逝,这种感觉越来越强烈,最终,面对他们的往往是失

篇一　迷茫篇
凝望失落的灵魂，幸福之神何时眷顾

落的灵魂和无法触摸幸福的痛楚。

　　人活着，要有属于自己的人生追求和目标，唯有这样，生活才会更加精彩，人生才会更加有意义，否则，活着就像无头的苍蝇一般，找不到方向，没有丝毫的归属感，更没有幸福可言。而什么样的人生才算是有追求和目标呢？或许每个人都有自己不一样的理解，但无论如何，有了追求和目标的人生，每一天都会朝着自己期望的方向走，每一天都充满希望和期盼，或许每一天都忙碌着，却感觉很充实，丝毫感觉不到灵魂无所依附，就因为这种忙碌、充实感，让我们感觉到幸福是多么的贴近，多么真切。

　　我们经常看到一些人，看似活得很平凡，很辛苦，甚至卑微，可是当我们真正走近去了解他们，他们却未必像我们看到的那样，他们的确辛苦，但他们却真实地拥有幸福，他们每天都过得那么充实和精彩，因为他们为生活奔波，为自己所爱的人努力赚钱，他们早出晚归，收入微薄，可是，每当夜幕降临，他们就会回到属于自己的家，那里有家人在等着他们。当他们回到家，看到家人脸上幸福的微笑，所有的劳累都微不足道了，他们脸上也会洋溢着满足的笑容，那一刻，他们找到了家的温暖，找到了一种平凡的归属感，他们被幸福包围着，而他们的灵魂，肯定不会失落。

　　张三是一名普通的搬运工，他在一个码头搬运货物，他和所有依靠劳力养家糊口的人没有两样，每天早出晚归，为了一家人的生计，干着几乎超出身体承受极限的体力活。

　　搬运工有时候就像蚂蚁，他们每天都将货物搬来搬去，搬上搬下，不但要经历风吹雨打太阳晒，而且收入不高。比起那些坐在高楼大厦里办公、喝着咖啡吹着空调、穿戴整洁、收入不菲的白领和

给 幸福 一条最浅的底线

金领，搬运工的人生可能没有他们风光。

但是张三不觉得自己的人生没有希望，更不觉得自己是悲惨的。他每天早晨睁开眼睛，看见妻子和儿女，都会感觉到很幸福、很满足，似乎前一天那些辛苦和劳累早已烟消云散。一直以来他很满足自己的婚姻，他和妻子结婚将近20年了，感情一直很好，他们相敬如宾，妻子很贤惠，尽管没有正式的工作，但每天都费尽心思地安排着自己和儿女的饮食起居。而他的两个孩子都在上高中，学习成绩都不错，很有希望考上好的大学。儿女让他很省心，也很骄傲，他觉得自己再辛苦也是值得的。而每当夜幕降临，他拖着疲惫的身体回到家中，妻子总会为自己递过来一双拖鞋，在他洗手换衣服的时间里，妻子早已将热腾腾的饭菜端上了桌，而两个孩子总会走过来，拉着他坐下，然后一家人一起吃晚饭。饭桌上一家人有说有笑，其乐融融。

其实幸福有时候真就那么简单，一个微笑、一个拥抱，或许是一碗热腾腾的饭菜，一个鼓励的眼神，一个温暖的家。张三之所以感觉到幸福，是因为他活得很充实，他所有的辛苦和劳累都是为了那个家，家让他有一种强烈的温暖和归属感，所以他丝毫感觉不到不幸，也感觉不到灵魂无所皈依，虽然那种幸福看似很普通，甚至微不足道，但是能拥有的人就已经足够幸福了！

相反，有些人看似生活得很不错，起码要比张三过得好多了，可是，为什么在他们的脸上看不到幸福的笑容呢？莫非是他们根本不屑于那种普通的幸福？还是他们过的根本就不幸福？

杨炎站在办公室的落地窗前，鸟瞰摩天大楼下面被缩小了不少的大街上的车水马龙，内心五味杂陈。此刻，他感觉不到自己曾经

篇一　迷茫篇
凝望失落的灵魂，幸福之神何时眷顾

预期的那种幸福，甚至有点落魄和悲观。

想想自己从公司一个小职员，兢兢业业，勤勤恳恳，煞费苦心熬到今天的位置，几多辛苦几多辛酸或许只有他自己明白。这十几年来，他为了事业，为了自己预期的位置，忽略了家庭，几年前妻子因为操劳过度撒手人寰，留下一个儿子。尽管他给了儿子优越的物质生活，但是，儿子却因为母亲的离去一直恨他，认为母亲的离去，都是因为他只在乎事业，不在乎家的缘故。而这些年，父子感情也如履薄冰，似乎每天都面临着崩溃。

随着年岁的增大，他再也无法从别处找到那种家的归属感，虽说这些年他身边有不少女人，但他觉得，那都无法比得上妻子和儿子给他的感觉那么真切、那么温暖。失去了妻子和儿子，似乎他也永远地失去了幸福。

其实，有些人虽然有着优越的生活条件，有着不错的事业，却往往和幸福背道而驰，在他们的身上，看到更多的是生活的负重和来自各方面形形色色的压力，他们往往不喜欢自己的工作，或者为了工作而忽略了家庭，缺少一个温暖的家；也有可能他们有个完美的家，但对工作提不起任何兴趣，每天上班都在应付差事；或者他们什么都不缺，不管是物质生活还是事业，都堪称完美，可是他们的心灵却倍感空虚，他们再也找不到为之付出或者奋斗的目标，更找不到那种归属感，幸福又从何谈起？

幸福箴言

人这一生，其实都在为自己想要的生活和想得到的东西而奋斗、努力着，在这个过程中，却是几人欢笑几人愁，有些人很轻易

给幸福一条最浅的底线

地就追求到了自己想要的，也得到了幸福。而有些人，穷尽一生却未必能触摸到幸福。其实，幸福真的很简单，它就藏在我们身边，只要我们找到自己内心真实的需要，让灵魂有所依靠，我们就能感觉到久违的幸福。

篇一 迷茫篇
凝望失落的灵魂,幸福之神何时眷顾

第二章 左顾右盼,缥缈的心怎就不再执著

　　幸福总被人们所追求,而追寻幸福的道路却未必都是平坦的,有时候,当我们认准一条路,或者认准一件事,就会朝着这条道执著地走下去。而往往正是因为这份坚持和执著,感觉到前路一片渺茫,我们左思右想,左顾右盼怎么也无法定夺,而心也随之缥缈不定,也错失了人生路上的许多美景,幸福之神也会悄然错过。其实,有的时候要懂得变通,懂得舍弃,放下某些执著,或许会得到更多,说不准当我们放下的那一刻,已将幸福紧紧握在了手中。

1. 执著的酒,竟会越酿越苦

　　有时,过于执著会迷失我们的双眼,让原本清晰的路途蒙上一层黑雾,我们在黑雾中摸索前行,左顾右盼却怎么也找不到出路,往往等碰得头破血流的时候,徒有伤悲。而后悔只是一种对自己错误抉择的无谓忏悔,那些浪费的时间和精力,再也难以寻回,而我们酿造的那杯名叫执著的酒,只能我们自己去独自品味,一杯下

给幸福一条最浅的底线

去，或许再也找不到甘甜的滋味，充满舌尖的只有苦涩。

慧能大师曾经说过："菩提本无树，明镜亦非台。本来无一物，何处惹尘埃。"意思是说如果我们心净无尘，知道世事无常，那么我们就不会执著于那些意念，心里没了那些挂碍，当然也就不会为那些琐事所心烦。但是我们会觉得，人活着终究离不开红尘俗世，每天要面对的往往就是那些纷纷扰扰的事，所以我们根本无法做到心无挂念，心无羁绊。而且，我们内心中，会有各种各样的追求和欲望，而这种追求和欲望，或许就是我们通向幸福生活的途径，因为对于幸福的追求，是每个人的权利。

只是有些人在追求的过程中太过执著，而过分的执著就像一道魔障，它让我们看不清前面真实的方向，以至于让心灵迷失在路途上，越是迷失，越是去执著追求。这样的结果，往往让我们错过人生许多美好的东西，而将时光和精力浪费在一个原本虚幻的东西之上，结果，我们得到的往往不是我们所期望和追求的东西，更多的却是心灵的空虚和迷茫。而对于任何东西太过执著地追求，结果会让自己成为所追求之物的奴仆，甚至殉葬品。

有一个商人掉进了河里，还好他会游泳，但是河水流得有点急，商人拼命地游啊游，就在快要接近岸边的时候，他却感觉到有点筋疲力尽了。他知道，自己之所以在水中游得如此费劲，主要原因就是绑在他腰间的那个布褡裢的关系，那里面有他经商一年所赚的金元宝。到底要不要放弃一年的收入？商人犹豫了。

第一个选择：钱还可以再赚，命只有一条，还是放弃吧！于是商人心痛地解下了缠在腰间的布褡裢，然后休息了一会儿，用尽吃奶的力气向岸边游去。终于他爬上了河岸，虽然失去了金元宝，但

篇一 迷茫篇
凝望失落的灵魂,幸福之神何时眷顾

是捡回了一条性命,他还是很开心的。

第二个选择:这么一褡裢的金元宝攒起来不容易,或许我可以停一下积攒点气力,就可以游到河岸了。于是商人停下来,将腰间的褡裢紧了紧,然后使劲地向河岸游去。但是那一褡裢的金元宝实在重量不小,再加上河水的阻力已经使商人的力气用尽,商人最后抱着自己的金元宝沉入了河底深处。

故事中的商人,正是因为他对物质太过执著的缘故,才让他在面对生命危险的那一刻无法做出正确的抉择,最终葬送了自己的生命。其实,物质往往是身外之物,生不带来,死不带去,再说,钱没有了还可以再赚,而命只有一条,任何时候,人都应该留着命,有了命,才会拼回来一切。然而,面对种种诱惑,到底又有多少人能做到泰然处之、淡定从容呢?

其实人生一世,大部分的时间都花费在对物质的执著上。当我们呱呱坠地,度过天真无邪的童年,就开始走上了一条追求物质的路途,或许上学、工作是因为理想,但最终还是逃不过对物质的追求,对于物质的执著心态在此时也就显示在了我们的生活中。就好像我们先是拼命地赚钱买房子、车子,等有了房子和车子,却又开始追逐地位和权力,拥有一口袋的人民币之后就想着得到一袋子的人民币,等有了一房子的人民币之后又想着一房子的美元,就这样,在周而复始的追逐之中,慢慢地被金钱控制,陷入欲望的陷阱中无法自拔。

对于物质的执著心理,不仅侵蚀着人们的生活,而且也阻碍着感情的顺利发展。许多人结交朋友的时候先要看看对方的经济基础,然后凭借着经济的具体情况,自动将身边的人划为可以亲近的

给 **幸福** 一条最浅的底线

一类和永远不相往来的一类；甚至许多人在择偶的时候，对于物质的执著心态成为了他们择偶的标准，不管人怎么样，先要看看对方有没有房子和车，如果没有，即使感情再好，也只当做是擦肩而过的陌生人。对于物质的执著，其实是一种病态心理，不知不觉中已经成为一种心魔，让我们在人生之途中迷失了方向，也迷失了自己。

萧芳原本和赵明已到了谈婚论嫁的程度，但是就在他们结婚的前一周，萧芳却提出了分手。分手的原因很简单，因为萧芳遇到了一个比赵明更有钱的男子。萧芳长得好看，那个男子声称对她一见倾心，于是在那个男子猛烈的追求下，萧芳抛弃了相恋5年即将结婚的赵明，坐着那个男子的宝马走了。当赵明问萧芳离开自己的原因的时候，萧芳回答得理直气壮："这个世界上，是有真爱的，我确实很爱你，但是我更爱物质带来的享受。如果让我在爱人和物质之间做选择的话，我情愿选择物质！因为他可以让我少受累多享受，而你只能给我爱情，但是爱情在这个世界早已不值钱。"就是这一句话，让赵明对萧芳除了失望剩下的就是绝望。然而萧芳的结局却不怎么样，她的男人在和她同居几个月后就没了踪影，听说身边又有了一个漂亮的女孩子。萧芳不仅没有享受到物质带给她的快乐，就连自己的爱情也失去了。

在这个故事中，我们可以看出，萧芳太过执著于物质的享受，结果错失了那个深爱自己的伴侣。有句话说"执著的酒，越酿越苦"，说实在的，人的一辈子其实是很短暂的，美好的东西任何人都喜欢追求，但是追求要有个限度，太过执著反而会让自己失去很多。

# 篇一 迷茫篇
凝望失落的灵魂,幸福之神何时眷顾

执著就好像是一种慢性毒药,刚开始的时候或许并不觉得它会对我们的生活有多大的影响,但是日积月累,当我们慢慢感觉到的时候,却已经是毒入膏肓,无药可救了。我们来到这个世间,寻寻觅觅,除了物质,我们应该还有更多追求的对象:一份真挚的友情,一段感人的爱情,为自己的心灵找个寄托的对象,不要让自己的心灵在物质的羁绊下成为寂寞的游魂。执著的酒,浅尝即可,没必要让其深入骨髓,那样我们的人生就会轻松快乐许多。

幸福箴言

要想放下这种执著,就要学会以淡定的心态去对待一切。纵然是面对种种诱惑,也毫不动摇心智。那么,到底怎么做才能让我们放下执著呢?那就让我们远离那些执著的欲念,遇到任何事情的时候,都保持一颗清明的心,不要让固执与冲动控制我们的思想和行动。任何时候,我们都能对自己的生活掌控自如,我们也不会迷失在人生路上找不到出口。

2. 舍得原来只是一个过程

有人经常会抱怨活得太累,每天活着就像负重的蜗牛一般,总是难以卸下身负的重担,似乎轻松只是一个美丽的谎言。其实,之所以会有这种感觉,是因为我们舍不得放下一些东西,才让我们的心缥缈不定找不到归宿。其实舍得仅仅是一个过程,试着放下吧,

给幸福一条最浅的底线

放下一些东西，就可以让我们找到更多的幸福。

"我不舍得"这是很多人面临抉择的时候要说的一句话。确实，很多时候人们只想得到更多的东西，却不喜欢放弃任何已经拥有的东西。"舍得"，也就是说有舍才有得。面对生活，很多时候我们只在乎自己究竟能得到什么，却忽略了自己应该舍弃什么。要想诠释人生的使命，那么就先要明白什么是"舍"，什么是"得"。殊不知，人的一生，本来就是一个不断地弯腰捡东西和随手扔东西的过程，你要是想将更新更先进的东西装进自己的口袋，那么就必须先将口袋中原来的东西扔出来。在"舍"和"得"中诠释人生的使命，只有在舍弃中，你才能够获得，才能够放弃那些执念，握住幸福的手。

当我们看到一件自己喜欢的东西的时候，总是会想尽办法将其弄到手，这是人的天性。但是很多人的心思，却是不想付出任何代价。天下没有免费的午餐，你想得到一些东西，就必须舍弃一些东西。这是一种生活的潜规则，只有循着这条规则办事，我们才可以比较顺利地达到自己的目的，获得自己想要的东西。不舍哪有得？如若虫子舍不得自己的一身皮囊，哪有美丽的蝴蝶？每一个成功的人士，他们何尝不是懂得舍弃之后才获得了鲜花和掌声？在生活中，我们只有舍弃一些东西，才能够让自己走得更远，看得更高。而不懂得舍弃的人，他所得的一切，最终只会变成一个沉重的负担压在他的身上，让他寸步难移。

一次战争过后，有一个农夫和一个商人同时来到了大街上，看能不能获得一些财物。他们走啊走啊，先是发现了一大堆烧焦的羊毛，于是两个人就各分了一半背在身上。

篇一 迷茫篇
凝望失落的灵魂,幸福之神何时眷顾

在回家的途中,他们走着走着又发现了一些布匹。与烧焦的羊毛相比,布匹则显得更值钱一些。于是农夫将身上烧焦的羊毛全部扔掉,然后选了一些自己扛得动的比较好的布匹背上。商人心想:"这个傻子,竟然将羊毛扔掉,难道不知道羊毛也可以卖一些钱的。"于是他将农夫丢下的羊毛和剩余的布匹统统捡起来背在了自己身上,重负使他气喘吁吁,但是一想到自己可以将东西卖了得到很多的钱,心里多少就会有些安慰,于是他一直坚持着往回赶。

走了不久之后,他们又发现了一些银质的餐具。农夫把扛在肩上的布匹全部扔掉,捡了些较好的银器背上。而商人的贪心,让他失去了理智,将农夫扔掉的布匹重新捡了起来,还在自己的脖子上挂上了一个装满银餐具的布袋子,远远看去就像一匹负重的老马。谁知走着走着,忽然天降大雨,商人的羊毛和布匹被雨水淋湿了,挂在脖子上的布袋子也显得异常沉重,他艰难地行走在大雨中,最后因为不堪重负而摔倒在了泥泞之中;而农夫却趁着雨水带来的凉快一口气跑回家了。

我们可以从以上的故事中得知,生活中其实存在着很多的机遇、很多的诱惑。我们可以有很多的机会实现自己的理想,但是我们毕竟分身乏术,本想一只手就将所有的机会抓在手中,结果却错过所有的机会。很多时候,得到就是一种失去,而失去也就是一种得到,舍得舍得,就像那个农夫一样,只有舍弃原先拥有的,才能得到之后更好的东西!只有勇于舍弃生活中的一些负担,才能够体会到生活中的乐趣,才能真正拥有幸福生活。

有一个人向3位修行人请教如何得道。第一位修行人说:"在果园里,我看到葡萄在早上长得茂盛美好;到了中午,许多人来摘

给**幸福**一条最浅的底线

取，留下一片破败狼藉的景象，我因此而得道。"

第二位修行人说："我坐在池边，看到莲花在清晨时分开得美丽；到了中午，有一大堆人，跳进莲花池里洗澡，不一会儿工夫，莲花全被踩躏殆尽，我因此而得道。"

第三位修行人说："我在水边静坐，看到晨间溪里鱼儿悠闲地游来游去；到了中午，有人拿了网子、用了诱饵，这些鱼儿全都成了他的网中物，我因此而得道。"

这个人听完3位修行人的话后，在回家的途中，路过海边，看见沙滩上堆了许多沙堡。没多久，一阵阵潮水涌上岸来，当潮水退走时，先前那些沙滩上的沙堡，也已经消逝得无影无踪。他这才终于想通，世上的许多事物，不论费尽多大心机，花了多少力气，即使能够拥有，也都是暂时的。

人生浮沉间，值得选择的东西太多，但是无论何时，只要懂得舍弃，懂得放开，心就会变得豁达，生活中也会少一些纠结。舍得原本只是一个过程，真正的"舍"，其实就是一种变相的"得"，懂得舍得，才不会因物欲而驱使，才会拨开迷雾，看清原本模糊的一切；懂得舍得，就会抛开执念，缥缈的心也会找到栖息的地方，而生活中，就会拥有更多幸福。

幸福箴言

舍弃一些应该舍弃的东西，生活很难鱼和熊掌兼得。要知道，在生活中，每一次的舍弃是为了下一次得到更好的回报。紧握双手，肯定是什么也得不到，那么为什么不打开双手呢？至少打开双手之后，就可以看到希望，可以伸手去抓住悄然而过的幸福。

3. 不要一条路走到黑，变通会让你找到出口

坚持有时候的确是通向成功的一条路，但是明知道"前路有虎，却偏向虎山行"却未必是一种明智的选择。任何时候，不要一条路走到黑，不要因为一些蝇头小利而碰得头破血流，懂得适当的时候回头，重新选择一条道，或许，那里才会有你所希望的幸福在等待。

人生有很多方式可以实现对幸福生活的追求，因此，任何时候，我们都不应该局限于一种方式，也不必过于执著于一种途径，更不能被一些规则和条条框框的东西所禁锢。也许有人认为，坚持和执著并不是一种错误，每一样东西的得来，都免不了坚持不懈地追求。诚然，坚持不是错误，错误就在于在该回头的时候不懂得回头，在适合放弃的时候不舍得放弃，只一条路走到黑，最终受伤的只有自己。而结果，也往往和幸福搭不上边儿。

在我们追求幸福人生和实现人生理想价值的路途中，总会有很多很多的岔路口，每当那个时候，需要我们冷静地选择，假如我们选择错了，要懂得回头，不要明明知道前路凶险，却不知道回头。

一个女孩，从小有一个梦想：成为一位歌手，能够站在舞台上为无数人演唱。为此，这些年，她一直在为自己的愿望而努力。

在业余时间，她跳舞唱歌，并且不失时机地在众人面前绽放自己的才华。所有的人都说，这孩子聪明，有唱歌的天赋，将来准能

给幸福一条最浅的底线

成为一位歌唱家。

在众人的赞不绝口中,她参加了一次全国性的大赛。一路上,她过关斩将,杀进了十强,但在十强赛的角逐中,她却不幸败北。她失败的原因,只是在回答问题时失了口,但没有办法,竞争就是如此残酷,她兵败如山倒。

女孩是流着泪告别舞台的,她一病不起,并且发誓永不再唱歌。就在她沉迷于失败的痛苦时,她的母亲语重心长地给她讲了个故事。

从前,有个年轻人,他一生的梦想就是要攀上家门口的那座高山。上山无路,他就历尽千难万险自己开路。但连续两次,他都以失败而告终。在最后一次攀登中,他想尽了自己所会遇到的所有困难,并且针对想到的困难分别采取对策。这次,他以为可以万无一失了,但后来,就在他要登上巅峰时,山上却突然起了风,他不小心掉下了悬崖。幸运的是,他落在悬崖的缝隙里,得以保全性命,但不幸的是,他的腿却摔成了骨折。可以这样说,他会一辈子告别理想。

就在他几度沉沦时,一位高僧从此地路过,问他:你想要上山的目的是什么?他回答:我要享受胜利的感受,实现自己的人生价值。

高僧哈哈大笑:你现在已经有了胜利的喜悦,你看你走过的路。

他仔细看时才发现,他开辟的小路成了山里人上山的道路,他们走过这条路,上山打柴,或者去打猎。

高僧继续说:实现人生的价值有许多方式,你又何必只钟情于

篇一　迷茫篇
凝望失落的灵魂，幸福之神何时眷顾

高山呢？你看看脚下的路，还有那些石头。记住，年轻人，既然上不了山，那就站在山脚下吧。

年轻人恍然大悟，接下来，他从失败的阴影中苏醒，引资办了一个采石场。没有几年，他便成了当地有名的采石专家。

女孩听完故事，也顿悟了。病好后，她努力完成高中课程，并且考上了一所音乐学院。毕业后，她去了当地的一所中学当了音乐教师。现在，她活得很充实。

人不能改变环境，但却有适应环境的能力和意志。无论是上山也好，站在山脚下也罢，我们的目的只有一个——实现自己的人生理想和价值。但实现这种理想的方式是有很多种的，如果所有的人都想上山的话，岂不是山中也少了许多清秀和宁静？有时候，我们缺少的正是那种经历无数次失败却无法上山的力量和激情，而这些信念足以支配自己在另一片平凡的天地里做出辉煌的业绩。如果上不了山，那就站在山脚下吧，抬起头来，我们就能够看见高山；如果做不了月亮，那就做一颗平凡的星星吧，我们照样能够照亮浩瀚的夜空，每一个夜晚守护着每一个幸福的人。

生活中，大多数人经常会被自己的思维定势所左右，从而墨守成规，不思变通，以至于一条路走到黑，对许多事情难以作出正确的选择。其实，有时候束缚我们的，并不是那一个个难解的结，而是我们的思维。试着打破传统思维，激发思维创新，才能以不断的创新思维谋求更好的生存和发展。

古罗马时代，一位预言家在一座城市内设下了一个奇特难解的结，并且预言，将来解开这个结的人必定是亚细亚的统治者。长久以来，虽然许多人勇敢尝试，但是依然无人能解开这个结。

41

给幸福一条最浅的底线

当时身为马其顿将军的亚历山大,也听说了关于这个结的预言,于是趁着驻兵这个城市之时,试着去打开这个结。

亚历山大连续尝试了好几个月,用尽了各种方法都无法打开这个结,真是又急又气。

有一天,他试着解开这个结,但又失败了,他恨恨地说:"我再也不要看到这个结了。"

当他强迫自己转移注意力,不再去想这个结时,忽然脑筋一转,他抽出了身上的佩剑,一剑将结砍成了两半儿——结打开了。

故事中所蕴含的道理其实很简单,我们每一位旁观者或许都明白,亚历山大只要将绳子打开,不管用哪一种方式都行得通,而用佩剑一劈两半的确是最简单最实用的方法,何必局限于用手解开呢?或许用手解,未必真的能解开。同样,在我们的生活中,诸如此类的事情有很多,因此,面对每一件事情,我们都要懂得变通,懂得变换思维方式去思考,力争寻求到更简单更实用的方法,这样,我们就能空出好多时间去做其他更有意义的事情,或许,我们还会有更多的时间去追求幸福。

幸福箴言

适当的时候回头,其实是一种对生活理智的表现。人生路上,往往会遇到多种多样的瓶颈,假如不懂得回头硬是钻进去,肯定会挤破头,却未必能找到瓶中的幸福,也许瓶中根本就是一颗炸弹。而理智的人生,就是懂得变通,懂得回头,回过头,去寻找另一个出路,或许,那里有我们想要的东西和期待的幸福。

4. 忘记有时候只要一颗心

上帝在给我们生命的同时,也意味着生命之路终有一天会走到尽头,当我们走到人生尽头的时候,总会回想我们得到了什么,留下了什么?而我们到底得到了什么,又留下了什么呢?生活中的那些欲望,那些纷扰争夺,还有那些伤害、嘲讽、冷落、鄙视,等等,是不是真的就像一粒粒种子,早已扎根在我们心中,即便生命终结却还依旧存活在我们心中,成为永久的记忆呢?答案是否定的,其实那些我们极力保护的尊严与那些充斥在生命中的讽刺与讥笑都会随着生命的消失而最终不见。所以,对于不愉快的一切何必耿耿于怀,为什么不去忘却?忘记有时候只需要一颗心。

有些人喜欢去回忆,回忆过去美好的一切,或许回忆可以让人更加憧憬美好的明天;而也有人却喜欢记着以往不愉快的一切,他们无法忘记自己曾经受到的伤害、冷落、嘲讽、鄙视,而且对这些事情耿耿于怀,更加无法忘记对自己做过这些事情的人。其实,就因为无法忘记,才难以放下;正因为无法放下,才生出许多烦恼。

我们时常看到一些人,因为过去的一些事情而郁郁寡欢,总是沉浸在对往事的回忆和纠结中,无法珍惜眼前拥有的生活,更无力去追求未来幸福的一切。他们只会抱怨老天对自己不公平,让自己遭遇种种磨难、痛苦,却不曾想到,过去的终究已成历史,再怀恨,再放不下也不会重新来过,其实,好好把握现在,珍惜眼前的

给幸福一条最浅的底线

一切，才是最明智的选择。对过去的要学会放下，只要拥有一颗善于忘记的心，学会宽容地对待别人对自己犯下的错，对自己的灵魂来说也是一种救赎。

故事发生在经济大萧条时期的美国。

萝莉好不容易找到了一份在一家高级珠宝店当售货员的工作。就在圣诞节的前一天，店里来了一位30岁左右的男顾客，他虽然穿着很整齐干净，看上去很有修养，但很明显，这也是一个遭受失业打击的不幸的人。

此时店里只有萝莉一个人，其他几个职员刚刚出去。萝莉向他打招呼时，男子不自然地笑了一下，目光从萝莉的脸上慌忙躲闪开，仿佛在说：你不用理我，我只是来看看。

这时，电话铃响了。萝莉去接电话，一不小心，将摆在柜台的盘子碰翻了，盘中那6只精美绝伦的金耳环掉在了地上。萝莉慌忙弯腰去捡。可她捡回了5枚以后，却怎么也找不到第6只。当她抬起头时，看到那位男子正向门口走去，顿时，她明白了那第6只耳环在哪里。

当男子的手将要触及门把手时，萝莉柔声叫道："等一下，先生。"

那男子转过身来，两个人相视无言，足足有一分钟。萝莉的心在狂跳不止，心想：他要是粗鲁我该怎么办？他会不会……

"什么事？"他终于开口说道。

萝莉极力控制住心跳，鼓足勇气，说道："先生，今天是我第一天上班，你知道，现在找份工作多不容易，能不能……"

男子用极不自然的眼光长久地审视着她，然后她听到这个男子

篇一 迷茫篇
凝望失落的灵魂,幸福之神何时眷顾

说:"小姐,你是笨蛋吗?你第一天上班跟我有什么关系,你工作的不容易也好像跟我的停顿没有任何的关联吧!"萝莉愣了一下,一时不知道该怎么办才好。过了一阵,她说道:"先生,其实我知道现在经济不景气,但是一切都会好起来的,请您给我的工作一个机会。"

那个男子沉默不语,他看着萝莉真挚诚恳的眼神,突然一丝微笑在他脸上浮现出来。萝莉终于也平静下来,她也微笑着看他,两人就像老朋友见面似的那样亲切自然。

"是的,的确如此。"男子脸上的肌肉颤动了一下,回答,"但是我能肯定,你在这里会干下去,而且会很出色。"

停了一下,他向她走去,并把手伸给她:"我可以为你祝福吗?"

紧紧地握完手后,他转身缓缓地走出店门。

萝莉目送着他的身影在门外消失,转身走回柜台,把手中的第6只耳环放回原处。她的眼睛有些潮湿,她心里想:上帝呀,这些日子赶快过去,让大家都好起来吧。

面对那个先生的行为与后面的讽刺,萝莉没有跟他争辩,更没有用仇恨的心理去对待他,而是用宽容和理解维护了那位男士的尊严,最终不仅保住了自己的饭碗,还获得了那位男士的祝福。萝莉很聪明,因为她在明白事情真相的时候,并没有立刻去计较那男士的行为会对自己造成的后果,她懂得运用忘记来缓解自己当时的心情,她忘记了自己的处境,用一颗宽恕的心打动了那位男士,最终得到了一个完美的结局。

学会忘记,其实是对别人的一种宽容,同样也是宽恕自己。让我们在忘记中敞开自己的心灵，让我们的人生之路越走越宽，让我们用忘记去挑战那些讽刺与讥笑以及生命中的种种不快，如果做到了这样，那么我们就不会再与生命中美丽的日子擦肩而过了。

幸福箴言

人活一辈子，要面对种种困难，遭受种种挫折，人与人相处，会遭遇讽刺与嘲笑，自尊心也会受到践踏，甚至要受到许多冤枉和鄙视，假如真的遭遇到这些，我们该如何面对呢？那么让我们学会忘记，忘记别人对自己的伤害，忘记那些不愉快，这样，就不会被仇恨和愤怒所奴役，我们的脚步也会更加轻松，生活也会更加幸福美好。

5. 生活还有很多的色彩

生活就像是一部戏，每天都演绎着不一样的桥段，有悲有喜，而不如意的事情也时有发生。大多时候，事情都不会按照我们所期望的发生，总会遇到一些让我们悲伤失望的事情，每当这个时候，我们不能悲观绝望，更不能死钻牛角尖，凡事都往好的方面想，其实生活中还有很多色彩，只要我们多想想生活中那些美好快乐的事情，就会发现生活的乐趣所在，缥缈的心也不会迷失在执著中，我们也就不会再迷茫。

很多时候，生活中的种种不如意，会让我们悲观绝望，甚至让

篇一 迷茫篇
凝望失落的灵魂，幸福之神何时眷顾

我们失去对生活以及生命的信心，如此一来，我们悲情苦闷的一生将彻底拉开帷幕。其实，很多时候，我们根本没有必要为眼前的一些忧伤而失去对未来的希望，更不能因此而看不见生活多彩多姿的一面，因为悲伤的延续只会将悲伤无限放大，我们要学会："去留无意，闲看庭前花开花落；宠辱不惊，漫随天际云卷云舒。"人生之事本就千变万化，悲观根本就于事无补，那我们为何不淡定一些，豁达一些，以乐观的态度来对待我们的人生，以积极的心情去诠释生活，以热情和激情去迎接幸福的到来呢？或许我们放开心怀，就会看到生活中还有很多的色彩，而那些色彩足以让我们为自己染出一个绚丽的人生。

马轩觉得自己是世界上最倒霉的一个人。他不受老板的器重，女朋友也因为他没钱而跟别人走了。他觉得自己的人生已经没有希望了，于是独自一人徘徊在一条小河边。

过了许久，有一个老太太拎着一篮子菜颤颤巍巍地从小河的桥上走过，马轩看到立马上前搀扶，才发现老太太一只眼睛是瞎的。过桥之后，老太太停下来歇了歇。马轩问她为何年纪这么大了，还一个人在外边行走。经过一番交谈才知道，老太太的儿女嫌她老了，于是就将她抛弃了。老太太受当地政府的资助，再加上自己种点菜，靠卖菜维持生计，种菜让老太太感受到了很多的快乐。卖菜的时候认识了很多像她这般年纪的人，时常受到他们的照顾，她今天是去为那个十分照顾她的老大姐送菜，因为那老大姐喜欢吃新鲜蔬菜。在老太太的脸上，马轩没有看到一丝的哀伤神情，反而发觉她对自己现在的生活很满足。虽然遭到儿女的遗弃，但是日子却过得开心而满足，这何尝不是一种快乐呢？

给 *幸福* 一条最浅的底线

马轩回来之后就想明白了,他不再抱怨,也从失恋的阴影中走了出来,以乐观的心态对待生活和工作。几个月之后他不仅升了职,而且身边也多了一位女孩,这个女孩没有之前的女友那般娇贵,却很善解人意。

其实每个人几乎都会遇到一些大大小小的伤心事,这个时候,假如能够拨开忧郁的阴云,以乐观的态度去面对一切,说不定我们就可以看到生活中另外的一些色彩,就会增强对生活的信心。只要有这些色彩,相信,即使面对再大的困难,我们也能够让其拥有一个精彩的结局。

遇到困难,一些人难免产生悲观消极的情绪,往往看不到生命中多彩的一面,看不到绚烂的颜色,对鸟语花香听而不闻视而不见,在他们的眼中,或许整个世界都是灰白的,这样的人,困难就是他们最大的灾难,他们无力承受任何风吹雨打的洗礼,无法真正享受到生命阳光的可贵,更无法拥有真正幸福的人生。相反,对于那些遇到困难能用乐观的心态去面对的人,在他们心中,再大的问题都会找到解决的方法,他们能真切地感受到大自然的美妙,体会到人生的种种美好,在他们眼中,世界充满了色彩,五颜六色,五彩缤纷,而生活的每一天都充满希望和阳光,他们用微笑迎接每一个黎明,用乐观欢送每一个黄昏夕阳的华彩褪去,而他们也会拥抱每一个幸福时刻的到来。

以前有两个孩子,他们在同一家农场里干活。有一天农场主将他们两人找来,让他们分别去邻近的两个城市去讨债。其中一个孩子想,农场主怎么会把讨债这么倒霉的事情交给我呢?莫不是他对我不满意,专门借讨债赶走我吧!于是他在赶往邻近城市的途中就

篇一 迷茫篇
凝望失落的灵魂,幸福之神何时眷顾

自行走掉了,连他之前干活的薪水都没要。

而另一个孩子并不认为帮助人讨债是一件坏事,相反,他认为主人一定是想借机考验自己的能力,说不定还会提拔自己呢!于是他乐滋滋地去了主人所说的那个城市,并运用自己的聪明将债全数讨回。他回去后,农场主果然提拔了他,同时很遗憾地告诉他,其实他很看好这两个孩子,打算同时提拔他们,谁知另一个孩子却无缘无故地走掉了。

前一个孩子因为生性悲观,所以错失了发展的机会,而后一个乐观的孩子,他却拥有了自己梦想的一切,同样他的生活中也充满着快乐。

生活中有很多的色彩,一个人的生活是否多姿多彩取决于其对待生活的态度和心态。虽然生活中不如意之事十有八九,要想时时守住乐观的心境并非易事,反倒是悲观在寻常的日子里如影随形、随处可见,让我们的生活黯然无色。既然我们无法改变生活赋予我们的颜色,那么就去主动找寻并发现一些隐藏在生活中的其他颜色,以乐观的心态来为自己的人生重新镀色。坦然地面对人生中的失败,用乐观自信支撑自己人生的亮丽风景线,为自己的人生绘制绚烂华彩的蓝图。

人生处处是美景,关键在于我们用一种什么样的目光去欣赏。乐观地笑对生活中的一切,"不以物喜,不以己悲",这样,我们就可以看遍天上胜景,览尽无边春色;能够发现生活中存在着很多的色彩,不仅能尽情地享受生活的甜蜜,而且能肆意地体验人生的幸福。而我们的世界里,幸福也将随处可见,心也会随着那五彩缤纷的色彩轻舞飞扬。

给 *幸福* 一条最浅的底线

> **幸福箴言**
>
> "百日阴雨总有一朝晴",即便生命中有诸多的不如意,只要我们保持良好的心态,拥有乐观的生活态度,不去抱怨自己的遭遇,不去执著于自己那些无谓的想法,从而守住一份淡然与镇定,那么我们就可以发现生活中还有很多的色彩,在这些色彩中我们可以寻找到快乐,在丝丝缕缕的绚烂中找到幸福的痕迹。

6. 只要是合适的,好马也吃"回头草"

人生在世,总要面对大大小小各种各样的选择,有些人总是能选对人生的方向,从而拥有幸福和美满的生活;而也有一些人,却不慎误入歧途,陷入人生的沼泽地,找不到希望,找不到梦想之光,他们也不懂得回头,不愿意放弃自己的过去,重新来过。其实,当我们走错的时候,应该及时回头,只有回头,才能找到属于我们自己的幸福之路。

人的一生,时常要碰到大大小小各种各样的选择,小时候,我们选择玩具,长大我们选择工作、婚姻,正是这些选择,构成了每一个人不一样的人生,因为选择不同,走的道路不同,结果也大相径庭。但不论如何,每一个选择都对我们的人生有着举足轻重的作用。

对于人生大大小小的选择,我们要谨慎,一旦做出选择,无论

篇一 迷茫篇
凝望失落的灵魂,幸福之神何时眷顾

如何都要经历一个过程才能知道对错,如果选对了,那么恭喜你,或许你的人生会一帆风顺,会拥有更多美好和幸福。假如选错了,你也不要因此灰心丧气,更不能执意一条路走下去,要懂得在适当的时候回头,要明白,好马也吃"回头草"。只有这样,我们的人生才能少走许多弯路,才能少受许多波折,心灵也会因此而少受煎熬,而距离幸福的终点也不会太远。

朝阳升起之前,庙前山外凝满露珠的春草里,跪着一个人,"师父,请原谅我。"

他是某城的风流浪子,20年前曾是庙里的小沙弥,极得方丈宠爱。方丈将毕生所学全数教授,希望他能成为出色的佛门弟子。他却在一夜间动了凡心,偷下山去,五光十色的城市遮住了他的眼目,从此花街柳巷,他只管放浪形骸。

夜夜都是春,却夜夜不是春。20年后的一个深夜,他陡然惊醒,窗外月色如洗,澄明清澈地洒在他的掌心。他忽然深感忏悔,披衣而起,快马加鞭赶往寺里。

"师父,你肯饶恕我,再收我做弟子吗?"

方丈深深厌恶他的放荡,只是摇头。"不,你罪过深重,必坠地狱,要想佛祖饶恕,除非——"方丈随手一指供桌,"连桌子也会开花。"

浪子只是坚定地告诉方丈:"弟子一定会让师傅明白,好马有时候也会吃回头草,我改邪向善之心佛祖可鉴,桌子一定会开花的。"方丈只是摇摇头,兀自离开了。

谁知就在第二天早上,方丈踏进佛堂的时候,顿时惊呆了:一夜间,佛桌上开满了大簇的花朵,红的、白的,每一朵都芳香逼

给 *幸福* 一条最浅的底线

人,佛堂里一丝风也没有,那些盛开的花朵却簌簌急摇,仿佛是焦灼的召唤。方丈在瞬间大彻大悟。他连忙喊来那个回头的浪子,接受了浪子的忏悔,将方丈之位传给了他。

从这个故事我们可以看出,在这世上,没有什么歧途不可以回头,没有什么错误不可以改正。只要有真心向善的念头,即使吃回头草,也还是一匹好马。

我们也经常会看到一些人,明明知道自己选择的是一条歧途,却仍旧不愿意放弃,不愿意回头重新来过,就是俗语说的:不到黄河心不死。他们不懂得在适当的时候回头,他们只相信自己的选择,殊不知,到头来受苦受累的还是自己。而有些选择,一旦错了,就会铸成严重的后果,甚至有时候会成为致命的伤害。

有一条小河流从遥远的高山上流下来,经过了很多个村庄与森林,最后它来到了一个沙漠。

它想:"我已经越过了重重的障碍,这次应该也可以越过这个沙漠吧!"

当它决定越过这个沙漠的时候,它发现它的河水渐渐消失在泥沙当中,它试了一次又一次,总是徒劳无功,但是它始终不愿意放弃,因为它坚信,自己选择的这条路一定没有错,它一定能穿过沙漠找到传说中的那个浩瀚的大海。

这时候,四周响起了一阵低沉的声音:"虽然微风可以跨越沙漠,但是河流却不可以。"原来这是沙漠发出的声音。

小河流很不服气地回答说:"微风可以飞过沙漠,我也一定能穿过沙漠,谁说我不如微风?"

"微风可以飞,所以可以穿越沙漠,但是你不能飞。你一旦踏

篇一 迷茫篇
凝望失落的灵魂，幸福之神何时眷顾

足沙漠，就会被沙漠吸干吞噬，你会尸骨无存，我劝你还是回头另找出路吧！"沙漠用它低沉的声音说。

小河流从来不知道自己踏足沙漠就会被吸干吞噬掉，它根本不相信会有这样的事情，"我不能放弃这条路，因为只有这条路可以通往传说中的浩瀚的大海，汇入大海是我一生追求的梦想，我不可以半途而废。"小河流无法接受沙漠的劝说，它更无法放弃自己的追求。

"那你就等着灰飞烟灭吧，到时候不要怨恨我没有提醒你。"沙漠无奈地说。

"我自己选择的路，不管有什么后果都由我自己承担！"小河流坚定地说道。就在同时，它踏入了沙漠。然而很快，它就感觉到自己一点一点地在消失，它真的被沙漠吸干吞噬了，但它想退出去，却已经为时已晚。

小河流最终消失在了沙漠中，再也找不到任何踪影，唯一剩下的就是沙漠中一道水的痕迹。

其实追求梦想固然重要，但形式却有很多种，何必拘泥于一种形式呢？假如小河流能懂得在适当的时候回头，它完全可以绕过沙漠，尽管绕过沙漠或许要走更多的路程，但最终还有找到大海的希望。退一步而言，即便找不到大海，它仍然可以做一条快乐的小河流，何必为此而断送性命呢？小河流最终消失了，它不仅没有到达传说中浩瀚的大海，也因为它的固执而断送了自己的生命。它悲惨的结局正是因为它太自信，太固执，在遇到困难的时候不懂得回头，其实，即便是好马，在该吃回头草的时候也应该吃回头草，总比饿死强的多。

给**幸福**一条最浅的底线

幸福箴言

在人生道路上，当我们发现自己走错了道的时候，应该及时刹车，回头，重新来过。不吃回头草的未必就是好马，其实有时候，吃回头草的也是好马，更是聪明的好马。因为很多时候，我们做出的选择未必正确，只有重新来过，才能选择到正确的道路，才能到达我们所期望到达的地方。只有懂得在适当的时候回头，我们才不会一条道走到黑，以致错失许多生命中原本该有的美景和幸福。

7. 豁达可以看到不一样的风光

豁达是一种人生的态度，是一种待人处世的思维方式，是人活着的一种因素，也是生存的艺术。面对世事沉浮想要"胜似闲庭信步"，就得有豁达的襟怀。豁达的人生，少了许多悲观失望，执迷痴狂，多了许多宽容理解，坦荡淡泊。豁达，让我们丢开固执，放弃许多不切实际的幻想，就会看到人生道路上更多不一样的风光。

豁达是一种精神，一种境界。豁达拥有一种能战胜千百次失败，仍旧百折不挠，重新奋起的勇气；豁达是可以面对讥讽、中伤、打击、陷害，仍然义无反顾，能坚持走自己的路的坦然；豁达是到了山穷水尽处，仍能眺见柳暗花明的乐观；豁达是勇于承认别人的长处，善于发现和调整自己的短处的自知；豁达是能够摆脱荣

篇一　迷茫篇
凝望失落的灵魂，幸福之神何时眷顾

辱祸福的恩怨纠缠、成败得失的狗苟蝇营的明智。

我们看到那些豁达的人，他们总是有着健康向上的思想和结实的躯体，他们潇洒、坦荡、热情、开朗，决不会被生活中琐碎的小事所困扰，仿佛一条江、一条河，滔滔滚滚，直奔向大海。豁达的人，懂得宽容、理解，听到逆耳忠言会报以感谢，听到逸言诽谤只会一笑了之而不发怒。豁达的人更有着惊人的免疫力，尖刻、势利、贪婪、嫉妒几乎与他们无缘。他们更不会文过饰非，乃至于暗箭伤人。他们光明磊落，永远热爱别人也为别人所热爱。

古代有一位老禅师，一天晚上在禅院里散步，发现墙角有一张椅子。禅师心想：这一定是有人不顾寺规，越墙出去游玩了。老禅师搬开椅子，蹲在原处观察，没多久，果然有一个小和尚翻墙而入，在黑暗中踩着老禅师的背脊跳进了院子。当他双脚落地的时候，才发觉刚才踏的不是椅子，而是自己的师傅，小和尚顿时惊慌失措。但出乎意料的是，老禅师并没有厉声责备他，只是以平静的语调说："夜深天凉，快去多穿件衣服。"小和尚感激涕零，回去后告诉其他的师兄弟。此后，再也没有人夜里越墙出去闲逛了。

故事中的老禅师，他拥有一种豁达的胸襟，他不仅能原谅别人所犯的错误，而且让犯错误的人因为他的宽容而动容、感激，因为豁达，坏事也变成了好事。然而生活中有些人常常对自己的错误不自觉，却对他人的小小过失不肯原谅，大声指责，朋友之间甚至因一些不足挂齿的小事反目成仇。事实上，揭发别人的过错并加以指责，不但很难达到劝人改过的目的，反而会使彼此的沟通受到挫折。这样的例子在我们生活中比比皆是。

给**幸福**一条最浅的底线

张远和唐英是同事，也是好朋友，因一次聚会上张远无意透露了唐英的一些私事，唐英勃然大怒，尽管张远意识到错误并多次向唐英道歉，唐英仍不依不饶，两人就此反目成仇。他们工作上互不配合，甚至相互"拆台"，造成二人共同开发的一个项目不能如期完成，双双被老板开除。至此唐英才对自己的所作所为翻然悔悟，后悔不已，但为时已晚。

故事中的唐英，假如能豁达一些，能用豁达宽容的心去对待张远，他们之间的那点小矛盾又算得了什么？也不至于在以后的工作中互不配合，最终丢掉工作。由此可见，豁达在我们生活中的确是一种必不可少的品质。那么，如何才能让自己变得豁达呢？

1. 摒弃各种世俗杂念，少去理会那些堵塞心胸的噪音、玷污举止的画面

人总是因为那些世俗杂念而烦恼、苦闷、不开心，也许正是因为太过在乎，才让自己活得更加狭隘，狭隘让我们的人生充满灰暗，看不见天空真实的颜色，也领略不到人世间美好的景色和风光，更无法体验幸福人生的真谛。只有摒弃各种世俗杂念，少去理会那些堵塞心胸的噪音、玷污举止的画面，我们才能变得豁达，丢弃固执，让心灵不再缥缈不定。

2. 要善于原谅人，多和诚恳之人交朋友，从他们身上学习许多为人之道

生活中许多糟糕事，听了不如不听，见了不如不见，要有盲者、聋者的智慧，去听无声之声，去看无色之色。当我们闭上双眼，即看到心中无限的世界美轮美奂；当我们掩上双耳，即听到大自然生机盎然的勃发之声，心境变宽了，并且纤尘不染！

篇一　迷茫篇
凝望失落的灵魂,幸福之神何时眷顾

3. **拥有一颗美好的心灵，放下各种心理包袱，使真诚、热情、谦虚、勇敢、坚定等成为自己立身处世的法宝，努力成为一个真正豁达的人**

"世界上比天空更宽阔的是人的心灵。"只有心无杂念，灵魂才会更加澄清。人活着，总有很多烦恼和压力，甚至心理包袱，但只要我们学会用一颗豁达的心去看待一切问题，烦恼再多，压力再大，包袱再沉重，也会因为被美好的心灵驱散、缓解、卸载掉。而豁达的人生，听到、看到的是更多美好的风光，人也会因为那些美好的风光而感觉到幸福真切的存在。

生活中，拥有一份豁达的品质，就会少一些固执、怨恨，多一份坦然、宽容，多一份友谊，多一份温暖，多一份阳光，多一份我们意想不到的美好风光。

幸福箴言

许多人的性格，往往在大胆中蕴涵了鲁莽，在谨慎中伴随着犹豫，在聪明中体现了狡猾，在固执中折映出坚强。羞怯会成为一种美好的温柔。暴躁会表现一种力量与激情。但无论如何，豁达，对于任何人而言，都会赋予他们一种完美的色彩。而豁达，也可以让我们领略到人生不一样的美好风光，而生活，也会因为一份豁达，变得更为幸福美满。

8. 好床也要"好梦"的相伴

每当夜晚降临，或许大多数人最期望的就是能有一个舒适的床，让我们躺上去，舒缓一天的劳累，让紧绷的神经得到放松，如果再能有一个好梦，那就更加完美了。其实，我们的人生，需要有一份美好的梦想去点缀，因为有了梦想，生活才会有希望，有希望的人生，才不会迷失在黑夜中，希望会照亮我们前行的路，让我们冲破黑夜的迷雾，找回黎明的曙光。

每个人都有一个属于自己的床，也就是属于自己的人生，然而，未必每一个好床，都能有好梦来陪伴。有人说：好梦要在舒适的床上做，梦会更加美好，而好床也要"好梦"的相伴，才更加完美。因此，我们每个人，都应该有属于自己、适合自己的一份梦想，并做自己梦想的主宰者，只有这样，我们才会真正实现自己的梦，找寻到属于自己的幸福生活。

有人希望自己能有一番作为，光耀门楣，有人却有着治国安邦的远大抱负，而有人的愿望却很平凡，他们只希望能日日温饱，平淡生活……总之，不论什么样的梦想，都是我们对未来美好的憧憬和希望，因为有了憧憬和希望，生活才变得更加美好幸福。

米奇平生最看不起的就是那些成天高举着梦想的旗帜，为梦想奋斗的人。他认为，人不应该沉浸在那些虚幻的梦想之中，应该紧紧抓住现实的尾巴。

篇一　迷茫篇
凝望失落的灵魂，幸福之神何时眷顾

而对于生活，米奇完全相信命运，他认为，每个人自出生以来就已经注定了以后该如何生活，做梦是傻子的行径，梦是无法改变现实的。原本，他一直依靠祖上的庇佑，父母的恩宠过着衣食无忧的生活，他认为他会这么过一辈子。然而，命运还是和他开了个玩笑，就在他20岁的那一年，父母因为车祸离开了他，而他一下子变得无所依靠，他自己也没有任何特长，甚至连最起码的生活起居也无法自理。

故事中的米奇，虽然他有着不错的生活环境，但他却少了一份属于自己的梦想，没有梦想的生活，就仿佛失去头的苍蝇一般，除了横冲直撞还是盲目乱碰。他相信命运，心怀无梦，不思进取，始终抱着一种得过且过的心态生活，不重视自己的未来。只想浑浑噩噩地生活在一片茫然之中，这是对人生的一种不负责，而他的人生也因此注定和悲惨结缘。

一个不肯给自己未来一个梦想的人，生活只会嘲笑他，而命运也只会捉弄他，他会成为名副其实的弃儿，遭到人生的唾弃。我们的人生需要梦想，我们的未来需要梦想。给自己一个梦，那么我们面对未来就不会再充满迷茫。

一个年轻的富豪伯杰，有一天在街上散步，欣赏着深秋美妙的月色。突然，他看见街灯下站着一个和他年龄相仿的青年，身着一件破旧的外套，清瘦的身材显得很羸弱。他走上前去问那青年为何长时间地站在这里。

青年满怀忧郁地对伯杰说："我有一个梦想，就是自己能拥有一座宁静的公寓，晚饭后能站在窗前欣赏美妙的月色。可是这些对我来说简直太遥远了。"

59

给幸福一条最浅的底线

伯杰说:"那么请你告诉我,离你最近的梦想是什么?"

"我现在的梦想,就是能够躺在一张宽敞的床上舒服地睡上一觉。"

伯杰拍了拍他的肩膀说:"朋友,今天晚上我可以让你梦想成真。"

于是,伯杰领着他走进了自己富丽堂皇的公寓,然后把他带到自己的房间,指着那张豪华的软床说:"这是我的卧室,睡在这儿,保证像天堂一样舒适。"第二天清晨,伯杰早早就起床了。他轻轻推开自己卧室的门,却发现床上的一切都整整齐齐,分明没有人睡过。伯杰疑惑地走到花园里,他发现,那个青年人正躺在花园的一条长椅上甜甜地睡着。伯杰叫醒了他,不解地问:"你为什么睡在这里?"青年笑笑说:"你给我这些已经足够了,谢谢……"说完,青年头也不回地走了。

30年后的一天,伯杰突然收到一封精美的请柬,一位自称是他"30年前的朋友"的男士邀请他参加一个湖边度假村的落成庆典。

在这里,他不仅领略了典雅的建筑,也见到了众多社会名流。接着,他看到了即兴发言的庄园主。"今天,我首先感谢的就是在我成功的路上,第一个帮助我的人。他就是我30年前的朋友——伯杰……"说着庄园主在众多人的掌声中,径直走到伯杰面前,并紧紧地拥抱他。此时,伯杰才恍然大悟,眼前这位名声显赫的大亨特纳,原来就是30年前那位贫困的青年。

酒会上,那位名叫特纳的"青年"对伯杰说:"当你把我带进卧室的时候,我真不敢相信梦想就在眼前。那一瞬间,我突然明白,那张床不属于我,这样得来的梦想是短暂的。我应该远离它,

> 篇一　迷茫篇
> 凝望失落的灵魂,幸福之神何时眷顾

我要把自己的梦想交给自己,去寻找真正属于我的那张床!现在我终于找到了。"

不属于自己的床,做出的梦再好,也是短暂的,纳特正是因为明白这个道理,才最终取得了成功。尽管每个人都有属于自己的一个美梦,而每个人的梦想也都不尽相同,可是,不属于自己的梦想,最好乘早放弃,不要固执,不要贪恋,只有放弃,才能找到属于自己的梦,才能实现自己人生的幸福。

有些人,总固执于对梦想的追求,却不知道,自己的这份梦想,尽管看似美丽,并不适合自己的人生。当然,不属于自己的梦,有再好的床也难以梦到。而没有梦想的人生,又何来幸福可言?因此,要想获得幸福生活,不仅要有好床,更要有"好梦"相伴。

第三章　狂奔过后，满满的怎就只剩疲惫

人活着总是为生活而奔波劳累，狂奔过后，满满的却只剩身心疲惫，因此，我们就会怨叹命运不公，世事无常，也会因此而丧失对生活的热情和信心，而我们的灵魂，也会因此而徘徊在失落的岔路口，找不到人生的出路。我们的心灵，也因此而伤痕累累。究竟我们如何才能在忙忙碌碌中找到希望，让失落的灵魂找到慰藉之所，得到幸福之神的眷顾呢？

1. 牛角尖里找不到出口

时常会听到有人说：不要死钻牛角尖。因为大多时候，牛角尖里找不到出口。没有出口的人生，就失去了许多希望，尽管付出了许多努力，却得不到相应的回报，更得不到我们所期望的成功，或许穷忙过后，剩下的只有身心疲惫，而幸福又从何谈起呢？

我们都知道，人一旦钻进牛角尖里面，就很难走出来，往往会碰得头破血流。想必，没有人愿意钻牛角尖。但是，也有一些人，

篇一 迷茫篇
凝望失落的灵魂，幸福之神何时眷顾

却钻进去很难走出来，为此，他们怨天尤人，殊不知，没有人推他们进去，是他们没有把握好人生的节奏和方向，怨不得其他人。而钻进去的人，往往是因为他们在面对问题的时候不懂得变换思维方式，打不破一些陈规陋习，也或许因为对某些东西太过执著，不愿意放弃。

时常会看到一些人，成天都忙忙碌碌，似乎永远在和时间赛跑，料想，他们一定通过自己的努力取得了更大的成绩，但事实并非全都如此，有些人往往成天忙碌却一无所获。其实，之所以这样，更多的时候，是因为他们钻进了牛角尖，他们只知道蛮干，他们也超有自信，总觉得自己做的是对的，只要自己再努力一点点，就会取得成功。

一只章鱼的体重可以达到70磅。但是，如此庞大的家伙，身体却非常柔软，柔软到几乎可以将自己塞进任何想去的地方。章鱼没有脊椎，这使它可以穿过一个银币大小的洞。它们最喜欢做的事情，就是将自己的身体塞进海螺壳里躲起来，等到鱼虾走近，就咬断它们的头部，注入毒液，使其麻痹而死，然后美餐一顿。对于海洋中的其他生物来说，它可以称得上是最可怕的动物之一。

但是，人类却有办法制服它。渔民掌握了章鱼的天性，他们将小瓶子用绳子串在一起沉入海底。章鱼一看见小瓶子，都争先恐后地往里钻，不论瓶子有多么小、多么窄。

结果，这些在海洋里无往不胜的章鱼，成了瓶子里的囚徒，变成了渔民的猎物，变成人类餐桌上的美餐。

是什么囚禁了章鱼？是瓶子吗？不，瓶子放在海里，瓶子不会走路，更不会去主动捕捉。囚禁了章鱼的是它们自己。它们向着最

63

给幸福一条最浅的底线

狭窄的路越走越远,不管那是一条多么黑暗的路,即使那条路是死胡同。它们不懂得变通,只知道钻进牛角尖里面,它们想在那里找到出口,却因此而断送了性命。

有时候囚禁你的不是别人,只是你自己。就像章鱼,可谓是聪明一世糊涂一时,谁会想到,战无不胜的章鱼,会成为一个个小瓶子的囚徒,并且可笑的是是它们自己钻进去的。其实很多时候我们都被自己的思维欺骗了,以固定不变的模式思考,殊不知,我们已钻进了牛角尖里面,找不到人生的出口。

有一位逃生专家,他打开过无数设计复杂的锁,从未失手。他自认为世上没有他打不开的锁,于是他大量刊登广告声称可以在规定时间内打开任何一种锁,否则赔偿一万美元。结果在很长时间里,真的没有人能够难倒他。为了赚取大量财富,他开始巡回演出,当他的演出团来到一个偏僻的小镇,他的表演受到了空前热烈的欢迎,他轻而易举地打开了各式各样的锁。于是那位骄傲的逃生专家把奖金提升到10万美元,但依然没人能难倒他。当洋洋得意的他准备离开小镇时,一位白发苍苍的老人找到他,请他进入一个坚固的铁笼,笼门上有一把看上去非常复杂的锁。

然而事情并没有逃生专家预料的简单,那把锁似乎与他所见过的锁都不同,逃生专家想尽办法,用尽工具,始终没有听到期待中锁簧弹开的声音,最终筋疲力尽的他不得不承认失败。这时老人微笑着走过来,一抬手就从笼门上拿下了锁,逃生专家惊呆了。原来,锁根本没锁,那把看似很厉害的锁只是个摆设。只是因为事先他认为锁一直锁着,所以被胜利冲昏头脑的逃生专家没能打开那把锁,那位老人轻松地赢得了10万美元。

篇一 迷茫篇
凝望失落的灵魂，幸福之神何时眷顾

故事中的逃生专家，正是因为太过自信，而且那种自信让他的思维被禁锢起来，他的潜意识告诉自己，只有上了锁的锁才需要打开，殊不知，这次他面对的根本就是一把没有锁上的锁。如果给自己的思维上了锁，那只会把自己束缚在生活的樊笼里面，不得解脱。任何事情换一个方式去看待、去思考，你会惊奇地发现，事情还有转机。

固定的思维模式是人生的大敌，当我们被某个思维定式桎梏时，往往很难看清楚一些事物的本质，每当这个时候，我们总会钻进牛角尖里，再也找不到出口，找不到出口的人生，心也会缥缈不定，也根本与幸福沾不上边。而想要找到出口，就必须打破我们的思维模式，用一种全新的方式去思考，去解决问题。

幸福箴言

在生活中，不要用固定的思维模式去思考问题，学会变换方式地思考问题，打破形式的束缚，领略事物的本质。这样，就不会钻进牛角尖里，再也找不到出口。其实只要能达到目的，应该不拘泥于形式，任何能解决问题的方式都是最佳的，而我们的生活，也会少了许多奔波忙碌，也会抽出更多的时间去追求我们所期望的幸福。

给 *幸福* 一条最浅的底线

2. 不要摧毁了灵魂的慰藉之所

巴金曾说:"只有一点微弱的灯光,就是那一点仿佛随时都会被黑暗扑灭的灯光也可以鼓舞我多走一段长长的路。"因为种种原因,大多数人都因为前途渺茫,找不到灵魂的慰藉之所,甚至有时候会对生活失去信心。因此,我们需要为自己点亮一盏心灯,照亮心灵深处的黑暗,让灵魂找到寄托,让我们的未来不再渺茫,找寻到灵魂的慰藉之所,将幸福攥在手中。只要让我们的灵魂得到慰藉,那么未来就会充满希望和机会。

面对生活的种种磨难,我们总会失去信心,失去希望,灵魂也找不到寄托之所,我们成天为生活奔波,穷忙过后,灵魂无所皈依。面对一次又一次生命中的打击、伤害,我们怨叹,甚至自暴自弃,也失去了对未来幸福生活的希冀。针对这种情况,我们选择一直沉沦,还是重新燃起希望之火呢?

我们可以将磨难当作一种生活的资本,让希望和自信为我们点亮一盏前行的明灯,打开桎梏心灵的枷锁,我们会发现:每一天都有新的希望,每一天都是一个新的开始和起点。人都是在不断超越现实的情况下重拾自信,找回对生活的希望的,因为有了希望,灵魂就会有所寄托,希望会载着我们飞向幸福的明天。

一个孩子与父亲一起来到一个小农场。孩子在玩耍时发现几棵无花果树中有一棵已经死了。它的树皮已经剥落,枝干也不再呈暗

篇一 迷茫篇
凝望失落的灵魂,幸福之神何时眷顾

青色,完全枯黄了。孩子伸手碰了一下,只听"吧嗒"一声,枝干折断了。

孩子对爸爸说:"爸爸,那棵树早就死了,把它砍了吧!我们再种一棵。"可是爸爸阻止他说:"孩子,也许它的确是不行了。但是,冬天过去之后它可能还会萌芽抽枝的——它正在养精蓄锐呢!记住,孩子,冬天不要砍树。"

果然不出父亲所料,第二年春天,那棵好像已经死去的无花果树居然真的重新萌生新芽,和其他树一样在春天里展露出生机。其实这棵树真正死去的只是几根枝杈,到了春天,整棵树枝繁叶茂,绿荫宜人,和其他的伙伴并没什么差别。

那个昔日的孩子后来成了一名小学教师。在他 20 多年的教学生涯中,他不止一次地遇到类似的情形。小时候背起字母来都结结巴巴的皮埃尔,现在竟成了一位小有名气的律师;而当年那位最淘气、成绩差得一塌糊涂的巴斯克,后来是大学的优等生,毕业后自己创办了一家红火的公司。

最不可思议的是自己的儿子布朗。他幼时不幸患了小儿麻痹症,几乎成了废人。可是小学教师记住了爸爸的话,不放弃对儿子的希望,一直鼓励他不要灰心丧气。现在,布朗顺利地完成了大学课程,担任了公共图书馆的管理员。要知道,布朗只有左手的 3 个手指能动弹,就是扶一扶鼻梁上的眼镜也十分困难!

"冬天不要砍树"这句话一直鼓舞着当年的那个小男孩,每每遇到让他沮丧伤怀的事,他都靠着这句话顺利地度过了一个又一个家庭和事业上的危机。只要不轻易放弃,凡事都有转机。

任何时候都不要放弃希望,希望是一个人赖以生存的支柱,希

给幸福一条最浅的底线

望一旦毁灭，灵魂也找不到慰藉之所，整个人就仿佛幽魂一般失去了生命的寄托，人生还何来梦想，还有活下去的勇气吗？因此，不要轻易放弃，不管是家庭、学习还是工作，只要坚持下去，不要失去希望，一切都会有转机。

一切都并非你想象的那么恐惧，不管任何时候，我们都不能失去对生的希望，只要希望不灭，一切皆有可能。因此，当我们面对困境之时，不要让恐惧占据自己的内心，而是要试着去战胜困难，让希望之火不灭，信念不灭，还有什么是无法克服的呢？

一个年轻人正值人生巅峰时却被查出患了白血病，无边无际的绝望一下子笼罩了他的心，他觉得生活已经没有任何意义了，拒绝接受任何治疗。一个深秋的午后，他从医院里逃出来，漫无目的地在街上游荡。

忽然，一阵略带嘶哑又异常豪迈的乐曲吸引了他。不远处，一位双目失明的老人正把弄着一件磨得发亮的乐器，向着寥落的人流动情地弹奏着。还有一点引人注目的是，盲人的怀中挂着一面镜子！年轻人好奇地上前，趁盲人一曲弹奏完毕时，问道："对不起，打扰了，请问这镜子是你的吗？"

"是的，我的乐器和镜子是我的两件宝贝！音乐是世界上最美好的东西，我常常靠这个自娱自乐，可以感觉到生活是多么的美好……"

"可这面镜子对你有什么意义呢？"他迫不及待地问。盲人微微一笑，说："我希望有一天出现奇迹，并且也相信有朝一日我能用这面镜子看见自己的脸，因此不管到哪儿，不管什么时候我都带着它。"

篇一　迷茫篇
凝望失落的灵魂，幸福之神何时眷顾

　　白血病患者的心一下子被震撼了：一个盲人尚且如此热爱生活，而我……他突然彻悟了，自己又坦然地回到医院接受治疗。尽管每次化疗他都会感受到死去活来的痛楚，但从那以后他再也没有逃跑过。

　　他坚强地忍受了痛苦的治疗，终于出现了奇迹，他恢复了健康。从此，他也拥有了人生弥足珍贵的两件宝贝：积极乐观的心态和屹立不倒的信念。

　　一面镜子尚可照亮盲人心中对生活的热爱和对信念的追求，而我们又何不积极面对人生路上的所有荆棘与阴霾呢？如果能抱着这种积极乐观的心态和屹立不倒的信念去前进，让心中的那个希望之树永远青翠，那还有什么困难不能克服？还会害怕灵魂会无所寄托，缥缈不定吗？

　　其实，生命中那些苦难、痛苦又算得了什么？我们千万不要将它们看作是我们人生的阻碍，相反，应该看作是命运的一种恩赐，因为有了它们，才让我们意志更加坚定，才让希望之火显得尤为珍贵，同样，得来的幸福生活也更加甜美。

幸福箴言

　　尽管生活中会出现苦涩，让我们难以忍受，但是人生中正因为有苦涩，才可以让我们懂得甜蜜的珍贵。或许有时候我们悲观、失望，失去对生活的信心，甚至因为一些事情而暴躁、自暴自弃，但是，请任何时候都不要摧毁了灵魂的慰藉之所。只要灵魂有所皈依，心也就不会缥缈不定。生活也就会充满希望，而希望会指引我们寻找幸福。

给 *幸福* 一条最浅的底线

3. 忙碌也要有底线

为了生活，几乎每个人都在忙碌着，大家忙着上学、工作、赚钱，忙着做家务、找工作，等等，似乎这个世界，没有人是悠闲的。忙碌就像是一种习惯，一种风潮，大家只能遵循，只能追逐。当然，忙碌和忙碌也是有所区别的，有些人忙碌之后，会收获到自己希望得到的，而有些人穷忙过后，除了身心疲惫，更多的是满身伤痕，这到底是为什么呢？

随着竞争的日益激烈，谋取生存确实很不容易，每个人都在为生计奔波，似乎没有更多的时间去做自己喜欢或者一些更有意义的事情，也没有时间和自己的亲人一起共享生活的快乐。可是在我们忙于工作的时候，那些爱我们的家人是多么希望我们能停下脚步，和他们一起享受生活。所以请不要因为太忙碌而忘记抽出时间陪陪他们，因为忙碌有时候并没有底线，但是我们的生活却有底线。

人生旅途的风雨坎坷，会给我们的生活带来意想不到的烦恼和痛苦，而要弥补这些，我们就要花费更多的时间去工作，我们每天辛辛苦苦，做着时间的奴仆，却抽不出属于自己的时间，而且负重和压力如影随形，我们似乎看不到生活的乐趣，也无法享受人生中的任何幸福。

怎么样才能寻找避苦求乐的良方呢？我们要学会随时随地地把握好忙碌的底线，不要做时间的奴隶，让原本忙碌的生活变得有节

篇一 迷茫篇
凝望失落的灵魂,幸福之神何时眷顾

奏,才能享受更多的幸福和快乐。其实生活中,总有一个角落属于我们,让疲惫忙碌的身影停下来歇歇脚;总有一些时刻属于我们,让生活中的幸福快乐变得触手可及。但是很多时候,它们都被我们忽略了,我们总是愿意将自己的目光放在高处,在功利的迷惑下放弃了它们。

一位爸爸下班回到家很晚了,很累并有点烦,发现他 5 岁的儿子靠在门旁等他。"爸,我可以问你一个问题吗?"

"什么问题?""爸,你一小时可以赚多少钱?""这与你无关,你为什么问这个问题?"父亲生气地说。

"我只是想知道,请告诉我,你一小时赚多少钱?"小孩哀求。"假如你一定要知道的话,我一小时赚 20 美金。"

"喔,"小孩低下了头,接着又说,"爸,可以借我 10 美金吗?"父亲发怒了:"如果你问这问题只是要借钱去买毫无意义的玩具或东西的话,给我回到你的房间并上床,好好想想为什么你会那么自私。我每天长时间辛苦工作着,没时间和你玩小孩子的游戏。"

小孩安静地回自己房间并关上门。

父亲坐下来还在生气。约一小时后,他平静下来了,开始想着他可能对孩子太凶了——或许孩子真的很想买什么东西,再说他平时也很少要过钱。

父亲走进小孩的房间:"你睡了吗,孩子?""爸,还没,我还醒着。"小孩回答。

"我刚刚可能对你太凶了,"父亲说,"我将今天的气都爆发出来了——这是你要的 10 美金。"

"爸,谢谢你。"小孩欢叫着从枕头下拿出一些被弄皱的钞票,

给幸福一条最浅的底线

慢慢地数着。

"为什么你已经有钱了还要?"父亲生气地说。

"因为这之前不够,但我现在足够了。"小孩回答,"爸,我现在有20块钱了,我可以向你买一个小时的时间吗?明天请早一点回家——我想和你一起吃晚餐。"

5岁的儿子借钱来买爸爸的时间,这个故事值得我们深思。是的,很多时候我们由于生活所迫,不得不疲于奔命,忙于工作。但是却忽略了自己身边的人,情愿花更多的时间在工作上,也不愿意将一丁点的时间分给那些关心自己的人。难道生活真的如此残酷?还是我们不愿意把自己从繁忙中解放出来?

其实忙碌是需要一个底线的,生活的真谛并不是用忙碌谱写出来的。我们可以看到,有许多人忙忙碌碌一辈子,但是也不见他们的生活有多幸福,反而因为忙碌让自己失去了很多不应该失去的东西。生活是一种艺术,忙碌只能作为生活的一种调剂而不是全部。"善寻者时时有乐,不善寻者处处是苦"。生活的滋味需要我们自己来酝酿,狂奔过后,剩下的只会是满满的疲惫,只有握住忙碌的底线,我们才能享受到生活的乐趣。那么怎样才可以找寻到生活中的乐趣呢?不妨看看以下几招,做个忙里偷闲的幸福者。

1. 今日事今日毕

有些人做起事情来总是喜欢拖泥带水,做事的时候总想着还有明天,这样无意中把事情累积了下来,所以他们一直是忙碌的,当然疲惫也就寻踪而至了。所以,忙里偷闲第一招就是当天的事情当天做完,每天将事情做好,那么节假日自然可以放松,玩闹一番了。

篇一 迷茫篇
凝望失落的灵魂，幸福之神何时眷顾

2. 金钱的多寡并不能衡量幸福的多少

很多人之所以忙，是为了赚钱，他们认为只有赚足够的钱，才可以算得上幸福。孰不知，很多时候，金钱的多寡并不能够衡量幸福的多少。人们更在意的是存在彼此之间的牵挂和关心，多抽点时间陪陪关心自己的人，也是一种幸福。

3. 生活并不是一种压力

一些人总觉得自己受到生活的压迫，快节奏、忙碌才能真正体现出生活的质量，所以他们宁愿将更多的时间花费在工作上，将更多的精力投放在忙碌中。其实，生活并不是一种压力，我们来到这个世界上也不是为了经受煎熬的，而是来享受生活的。偶尔让自己闲下来，感受一下放松带来的舒畅，未尝不是人生一大快事。

享受自己的生活，把握忙碌的底线，适当地忙里偷偷闲，相信我们的生活会更精彩，人生也会更幸福。

幸福箴言

生活本来没有想象中那么糟糕，再快的节奏，再忙碌的生活，也总得抽个时间让自己放松下，让灵魂舒展一下，给生命和心灵一场旅游。忙碌也不再是人生的煎熬，它能变成一种享受，而我们所期望的幸福，也变得唾手可得。

4. 并非所有的坚持都会成功

　　大多数人对于成功和幸福的追求都是一个漫长而艰辛的历程，在此过程之中，时常会遇到各种困难和挫折，只有那些不畏困难、知难而进、坚持下去的人，才有可能会迎来成功和幸福。可是，并非所有的坚持都会成功，有时候，那些抱着虚幻的妄想和不切实际的坚持，往往会让我们身心疲惫，毫无收获。

　　"宝剑锋从磨砺出，梅花香自苦寒来"，这样的道理大多数人都懂得，因为大家都知道，几乎所有的成功，都必将经历一番奋斗和拼搏，历经常人所无法忍受的孤独、寂寞、磨砺。任何心存侥幸、抱有任何虚幻妄想的人都必将失败。所以，坚持下去，往往成了大多数人所遵从的原则。

　　其实，每一个能对梦想坚持的人，都是值得我们敬佩的。能够坚持，说明他们懂得成功是不会有捷径的，每一份成功的取得，必将付出辛勤的劳动和汗水，甚至是泪水，而坚持也是必不可少的环节。可是，坚持也要看情况，有些时候，我们自身特殊的情况，或者客观的条件不允许我们去坚持，或者我们早已了然，这种坚持，不会得到我们期望的结果，每当这个时候，放弃或许是最明智的选择，而作任何无谓的坚持，反而成为阻碍我们迈向成功的障碍。

　　女孩很小的时候，父亲就抛弃了她和母亲。坚强刚毅的母亲，将女儿送进了一所舞蹈学校。高昂的学费并未吓倒母亲，她四处打

篇一 迷茫篇
凝望失落的灵魂，幸福之神何时眷顾

工挣钱。7岁的女孩看见母亲整日忙碌和疲惫的身影，就会忍不住流泪。

一天，女孩对舞蹈老师说："我想退学，我实在不想让母亲这样为自己操劳。"老师问："如果你退学，你觉得母亲会开心吗？"女孩回答："至少我可以让母亲过得轻松点儿。"老师又问："你知道母亲最大的心愿是什么吗？"

女孩回答："当然知道，母亲希望我成为舞蹈家。"老师说："记住，只有实现了愿望的人才能变得轻松和开心。因此，你必须好好学习，才能了却母亲的心愿。"

女孩小小年纪就上了人生第一课：从母亲的行动和老师的言语中受到了无穷鼓舞。她训练比别的孩子勤奋，她吃的苦总比别的孩子多，但她流的泪和抱怨的话却比别的孩子少。几年后，她成了最出色的学员，并开始登台表演。

可命运捉弄人。当女孩出落成亭亭玉立的少女时，身体却出了毛病：骨形不正，腰椎突出。这对舞蹈演员来说，是致命的一击，而且医生告诫她，最好不要再跳舞，不然会瘫痪。是退缩还是坚持？女孩思考之后还是选择了后者。她忍受疼痛的折磨，在身上装上一个校正仪，继续她的舞蹈。

但随着时间的流逝，加上练习舞蹈对身体造成的压力，久而久之，女孩慢慢发现自己的行动越来越受限制了。但她仍旧不愿意放弃实现梦想，还是一如既往地坚持练习着。

然而命运却又一次和她开了一个天大的玩笑，就在她有希望进入国家舞蹈团的紧要关头，她倒了下来，她再也无法跳舞了，她再也无法实现母亲的愿望，而且，她也成了母亲的负累，因为她半身

给幸福一条最浅的底线

瘫痪了。

瘫痪之后的女孩笑容不再迷人，以往那美丽的大眼睛里再也看不到希望的光芒，残留在她脸上的只有悲伤和凄苦。她说："曾经，在我眼里，活着就像在舞蹈，一个有梦并愿为此追求一生的人，没有什么东西能阻挡住她，我以为我会永远地跳下去，直到跳不动那天为止，但是现在，当我躺在床上行动无法自如的时候，我才知道，当初的坚持是多么的幼稚，其实，健康和生命才是最重要的。如果上帝能再给我一次选择的机会，我一定会在得知自己无法跳舞的时候放弃跳舞，其实，细细想想，我能做的还有很多！"

故事中的女孩子，她热爱舞蹈，并为之奋斗的精神的确可敬，但是既然命运一次又一次让她和舞蹈擦肩而过，她就不应该强求，尽管坚持对梦想的追求没有错，可是，她应该考虑到自己身体的承受力，既然身体再也无法承受，又何必执迷于此呢？其实她能追求的梦想还有很多，既然知道了后果的严重性，那么不懂得回头，一味地坚持下去，又何以取得成功？相反，正是因为坚持，她的情况才变得更加糟糕。

尽管她后来知道后悔了，但后悔为时已晚，她再也无法回到当初做选择的那一刻，因为时光不会倒流，好多事情，一旦发生，就无法收回。因此，生活中，学会适当的时候放弃，或许，对自己，对生活都是一种成全。

幸福箴言

在追求成功和幸福生活的道路上，我们要懂得坚持的力量，也要学会坚持。但是，有时候，我们也要看情况，假如客观或者主观

因素不允许我们去坚持，我们最好还是选择放弃，这个时候，放弃或许是最明智的选择，也是我们迈向成功和幸福生活的另一个出口。千万不要因为执念而做无谓的坚持，因为这个时候的坚持，未必会取得成功。

5. 贫穷，并不代表灵魂的贫瘠

社会上往往根据个人拥有财富的多少，将人划分为穷人和富人。但是，真正意义上的贫富，并非仅仅用财富的多少来诠释，有时候，贫穷，并不代表灵魂的贫瘠，而富有，也不表示灵魂的富足。灵魂的充实和富足，才是真正的富有，这和再多的财富也无法买来幸福是一个道理。

财富或许能够给人们带来物质的满足和享受，但并不代表着能带给人们一切，就算是贫穷，只要我们拥有一颗健康积极向上的心，拥有一个充实而富足的灵魂，我们照样是世界上最富有的人。当然，在经济当头的现代社会中，人们不仅仅要追求物质上的富裕，还要不断地追求精神上的富足，不要让空虚吞噬了我们的灵魂，那样的话，即便再富有，我们也将一贫如洗。

从前，有个受人景仰的智者，不管你心中有多大的烦恼，他都能立刻帮你解决。因此，人们每当碰到难题时，都会去找他倾诉心中的苦闷，经过一阵谈话之后，看似错综复杂的问题，往往都能迎刃而解。

给*幸福*一条最浅的底线

某一天,村子里最有钱的富翁和最贫苦的穷人,同时去找了这位世上最有智慧的人。富翁首先进到房里去。过了一个多小时,却不见富翁出来。

"到底是什么样的烦恼,需要花那么多时间?"

刚开始,穷人还很纳闷,到底会是什么样的困扰需要如此长谈。可是时间越过越久,仍不见富翁出来,穷人耐不住性子,生起气来了。

"该不会因为他是有钱人,就谈那么久吧?"

穷人等得哈欠连天,正当昏昏欲睡时,富翁刚好出来,摇了摇他的肩膀,把他叫醒,说道:"该你进去了!"

穷人睁开眼睛,看到富翁脸上容光焕发,面带笑容,说话口气也相当和蔼亲切,只得按捺住心中的怒火。但是,当穷人进到房里,跟智者谈了一阵子后,终究抑制不住愤怒,把酝酿已久的怒火宣泄出来。

"什么?这么快就要我走?我进来不过才5分钟呢!为什么不愿意多给我一点时间?刚刚富翁进来不就谈了好几个小时吗?"穷人一屁股坐在地上,放声痛哭了起来。

"我因为贫穷的关系,处处受委屈,怎么连您也瞧不起人呢?"

然而智者只是神态自若地望着他,等他尽情发泄完心中的委屈之后,才慢条斯理地说道:"您因为贫穷而苦恼,我一眼就看出来了!破旧的衣衫,干瘪的脸颊,还有瘦得像树枝的手,这些都让人一眼就能瞧出您的处境呀!"

"所以呢?"

"可是,富翁因为贫穷而苦恼的景况,就不容易看出来了。"

篇一　迷茫篇
凝望失落的灵魂，幸福之神何时眷顾

这话听在穷人耳里，还真是荒唐得叫人张口结舌："富翁竟然会贫穷？您这话真是太奇怪了！"

智者解释道："富翁也会贫穷的呀！而且他还真是世上少见的心灵穷人呢！他的烦恼和忧虑，完全来自他那贫穷的心灵，我为了要帮他找出内心的贫穷，才会花那么多时间。"

"啊！"穷人原来的愤怒与不快全都烟消云散了。他望向天空，张开双手，好像已经得到全世界似的，吹着口哨回家去了。

真正的富有其实是一种心境，一种状态，一种心灵的充实感。富人拥有无尽的财富，却并非拥有无尽的幸福，财富无法填补他们心灵的空虚和寂寞，也无法让他们失落的灵魂得到慰藉，而穷人，虽然没有太多财富，但他们的心灵却并不贫瘠，他们每天为生活而忙碌奔波，为养家糊口而起早贪黑，他们看到家人因为他们的努力而过得幸福的时候，那一刻，他们比谁都幸福。

然而，有些人拥有无尽的财富，看似他们应该生活得很幸福，他们根本和贫穷沾不上边，可是，他们富有的或许只有物质，而内心的孤独、寂寞却不断地啃噬着他们的灵魂，让他们找不到生活的乐趣，更无法触摸幸福的容颜。

有一个国王拥有无数的土地也有满屋子的金银财宝，可是他仍然闷闷不乐。

一天，"金仙子"出现在国王面前问他说："敬爱的国王陛下，您觉得到底要怎么样，才会快乐呢？"

国王想了想说："我要有一只金手指，只要我的金手指随便一碰触，什么东西都可以变成金子，那我就会很快乐。"

"真的吗？您真的想要一个金手指吗？您要不要考虑一下？"金

给**幸福**一条最浅的底线

仙子问道。

"不用考虑了,这是我一生中最大梦想,只要有金手指我的梦想就能实现,我就会很快乐!"国王说。

于是,金仙子就把国王的右手变成一只金手指。国王只要随意一指桌子、椅子、盘子、墙壁……凡是他碰触过的东西都变成"金制"的物品了!真是太棒、太高兴了!

这时候,国王跑到花园闻到阵阵花香,就顺手摘朵花来闻赏。可是,手一碰到花朵,花朵立刻变成金花,不再有香味!

国王又走到餐厅,闻到满汉全席大餐的香味,就口水欲滴地想饱餐一顿。可是当他拿起盘中鸡腿时,鸡腿瞬间变成金鸡腿。正当国王垂头丧气时,他最疼爱的小女儿跑了进来,国王很高兴地抱起这可爱的小女儿,可是,刹那间她也变成了金女孩。

"混账,这是什么金手指,居然把我的女儿都变成金人!"

国王大声怒吼:"来人呐,去把那'金仙子'给我抓回来!"

可是国王怎么找也找不到金仙子。而他又饥又渴又失去心爱的小女儿,原本令他兴奋的"金手指、点金术"变成了挥之不去的梦魇。

不可否认,物质是我们生活所必需的,有了物质的保障,才有了我们赖以生存的物质基础,我们才会衣食无忧。可是物质的多寡并不是评判富有和贫乏的唯一标准,有时候,即便再多的钱财也买不到心安和快乐,买不到灵魂的富足以及快乐的生活。

贫穷的人有时候最容易得到的却是快乐,因为他们懂得生活中点滴的快乐和幸福,不会因为物质的匮乏而让自己活在痛苦中,因此,他们的每一天都是美好的。做一个灵魂富有的人,让自己的内

篇一 迷茫篇
凝望失落的灵魂，幸福之神何时眷顾

心变得充实，不让自己成为物质的奴隶，走出欲望的牵绊，找寻到生活的真谛，只有这样，我们才能享受到真正的幸福。

幸福箴言

贫穷并不是世界上最可怕的事情，其实最可怕的是灵魂的贫瘠。一个心灵空虚的人，他们往往会执迷于对物质或者一些身外之物的追求，而忽略了人内心的真正感受，他们或许会坐拥无数财富，却未必能体会到普通人的快乐和幸福。

6. 吸尘器中也可以找到幸福

幸福是一种美好而奇妙的感觉，自古至今，人类对于幸福的追求可谓趋之如鹜，从没间断过。幸福到底在哪里？有时候，它就像那悬在天空的绚烂星辰，美轮美奂却遥不可及，而有时候，幸福就在我们身边最不起眼的地方，也许幸福就在那一杯牛奶中，也许幸福在一句问候、一个微笑中，也许，幸福就在那吸尘器里，只要我们伸手去抓，就会触手可及。

现实中，常常有人因为自身条件的限制而否定自己的智慧，因为地位低下而放弃对幸福的追求，因为别人的歧视而一度消沉，甚至因为不被赏识而苦恼。其实，造物主经常喜欢将珍贵的东西藏在不为人知的地方。

请相信，上帝不会看轻每一个人，每个灵魂都有它所担负的使

给幸福一条最浅的底线

命和责任,那么,我们还有什么理由消沉避世、顾虑重重呢?何不甩掉卑微的包袱,去追求成功、追求幸福呢?只要我们用心去感受,用所有的热情去追求,或许,就连吸尘器里面也能找到幸福!

乔利·贝朗出生于纽约一个贫民家庭。他13岁便独自外出打工,由于年纪小,没有哪个工厂肯聘用他。流浪几年后,他找到一个贵族家庭,在他的苦苦哀求下,贵妇人让他在厨房里当了一名小杂工。

他几乎包揽了全部脏活累活,他每天的工作都很枯燥,就是杀鸡、杀鱼、拖地,除此之外,还有就是扫厕所,他每天拖着吸尘器、扫把之类的东西,一忙就到大半夜。他一天至少要干12个小时,而所得的工资连一只鸡都买不到,但他仍然感到非常满足,也非常幸福,因为他总是省吃俭用地将辛苦赚来的钱攒起来,养活自己贫困的家,看到家人因此而不再挨饿受冻,他觉得自己再苦再累也值得,即便一辈子让他拖着吸尘器他也不会抱怨。

就是这样紧巴巴的日子也不长久。一天半夜,贝朗被一阵急促的敲门声惊醒。原来贵妇人第二天一早要去赴一个约会,要贝朗立即将她的衣服熨烫一下。因为白天干活实在太辛苦,他困极了,一不小心,他打翻了煤油灯,灯里的油滴在了贵妇人的衣服上。

贵妇人丝毫不顾及情面,尽管贝朗再三道歉,再三恳求,贵妇人坚决要求贝朗赔偿。贝朗沮丧极了,他答应了给贵妇人白打一年的工。

那一年里,他仍旧每天都起早贪黑,辛勤地劳动,一天,他突然发现那件衣服被煤油浸过的地方不但没脏,反而将原有的污渍消除了。经过反复试验,贝朗又在煤油里加了一些其他的化学原

篇一 迷茫篇
凝望失落的灵魂,幸福之神何时眷顾

料……最后,他研制出了干洗剂。

一年后,他离开了贵妇人家,自己开了一间干洗店。世界上第一家干洗店就这样诞生了。

贝朗的生意一发而不可收,几年间他便成了让世界瞩目的干洗大王。如今,干洗店遍布世界的每一个角落,人们在享受他发明的干洗剂的同时,也记住了他的名字——乔利·贝朗。

乔利·贝朗的人生,原本似乎没有任何幸福可言,但他面对生活的困境,没有退缩,更没有因为自己工作的卑微而放弃对生活的信心和对幸福生活的追求,他在自己最糟糕的时候,仍然能做好自己分内之事,并坚持不懈,所以才寻求机会找到了属于自己的成功。

但是,也有一些人,他们有着优越的生活环境,工作也很体面,他们不用拿着扫把和吸尘器来赚钱养家,更不用低三下四地受人指使而辛苦工作,表面上看他们应该过得很幸福。然而,事实上,他们却未必幸福,因为他们根本看不到生活的美好,也没有那一种追求幸福的热情,他们只能坐拥孤独、寂寞,身心疲惫地感受世间的冰冷。

为什么那些表面上看起来很风光的人却并没有享受到真正的快乐,而那些看上去不怎么显眼的人却能够拥有快乐呢?其实,一个人是否快乐,主要在于他内心的真实感受,在于他对生活的态度。那些真正热爱生活、认真生活、对生活充满激情、内心充实的人,他们总是可以感受到生活的赐予;而那些被欲望蒙蔽住眼睛、内心空虚寂寞的人,永远也找不到快乐的踪迹。所以说,一个快乐的人,他的内心是充满温暖和善意的。与其羡慕他人的快乐幸福,还

给幸福一条最浅的底线

不如自己认真对待生活,放弃对生活的偏见,好好生活。

阮冰是一家公司的总裁,有着许多人羡慕的收入,他不仅有房有车,而且有着属于自己的事业。

可以说,阮冰的成功,羡煞了身边的朋友,但是,每当夜深人静的时候,阮冰往往会将自己关闭在房间里,他躺在床上,抱着偌大的抱枕,望着装修华丽的房子,内心却无比孤独。因为3年前,自己的妻子和儿子在一次事故中不幸身亡,离他而去,从此之后,他再也看不到生命的美好,更无法感受到生活中的任何幸福。

他每天下班,都能看到扫厕所的大婶脸上洋溢的微笑,他甚至很羡慕,因为他觉得,那大婶即便在扫厕所,心灵却一点不空虚。他相信,那大婶一定有着幸福和睦的家,有着牵挂她爱她的家人,而自己,即便每天开着法拉利,也比不上手握吸尘器的扫厕所的大婶幸福。

其实生活可以给予我们很多幸福,而幸福就像一个顽劣的孩童,它喜欢和我们玩一个个的恶作剧,有时候它往往就在离我们最近、最容易让我们忽略的地方。很多时候,我们能否将这些幸福抓在手中,就看我们懂不懂得珍惜生活,懂不懂得在平常的琐碎中去体会生活的真谛。有时候,幸福仅仅是内心的一种微妙的感觉,它无关物质,无关贫富贵贱,更无关生活得体不体面。

幸福箴言

任何幸福的获得都需要磨炼,需要经历一番艰苦跋涉。幸福之神也不只会眷顾金钱和物质、富丽堂皇,它往往喜欢藏在琐碎之

篇一 迷茫篇
凝望失落的灵魂，幸福之神何时眷顾

中，即便是乞丐、垃圾工，只要他们有一颗追求幸福的坚韧之心，即便是乞讨、扫厕所、洗碗刷筷子，也一样能找到自己人生的幸福。

7. 疲惫可能源自心灵受伤

  现代社会，人们的生活节奏飞快，每个人几乎都像陀螺一般高速地运转，似乎永远也没有停下来的时间，因为激烈的竞争，让你无法停下来，一旦停下来，或许就会被淘汰。由此而衍生出来的压力、烦恼、身心的疲惫就像影子一般追随着人们，似乎身心都备受煎熬、伤害。其实仔细想想，或许我们倍感疲惫也可能只是因为心灵承担太多，以致受伤的缘故吧！

  "伤不起"，看到这3个字，就让人想到受伤、创伤、痛苦等字眼。而生活中，我们也经常将受伤挂在嘴边，而这个受伤，与肉体的伤害并没有什么关系，更多的是指心灵所受的伤害。

  究竟是什么在伤害我们的心灵？或许答案大相径庭，有人会认为是这个社会所充斥的物欲，没有财富，没有权力，没有成功，都会让你感到挫败，心灵或多或少都会受到伤害。

  有人也会因为生活太辛苦，每天一路狂奔，忙碌过后，却无法实现自己所期望的价值，心灵当然备受伤害；也有人每天都为追求成功和幸福生活而辛苦付出，但到头来，幸福依旧悬在半空，搭上梯子也无法触摸，除了伤心还是伤心。或许还有许多伤心的理由，

给 *幸福* 一条最浅的底线

高考落榜、失恋、丢了工作、失去了亲人、被克扣了薪水、出门丢了钱、生了大病、没钱买车买房，等等，都的确令人伤心，让人感到身心俱疲，生活也没有了奔头和希望。

其实，我们之所以感到疲惫，是因为我们的心里装了太多的东西，承担了太多本来可以不用承担的负重，一个人心灵的承受能力是有限的，当我们承受了太多的东西之后，不受伤才怪。

那么，到底怎么样才能让我们的心灵不再受伤呢？一个人不经历一些重大的挫败或伤害，是不会轻易卸掉心中一些东西的，也是很难发现生活中最平凡的幸福的。挫败和伤害，并不是生活给予的惩罚，而是一种赏赐，它让人们学会坚强，懂得从失败中获得成功，明白"吃得苦中苦，方为人上人"的道理。

只有在苦难和挫折中，我们才可以卸掉心中一些多余的东西，给心灵减减压，让自己不再执著于太多身外之物，将自己的心从一些琐碎中解救出来。只有懂得舍弃和放下，我们才能更坚强，心灵变得轻盈起来，灵魂也将不再缥缈，那么也就不会有受伤的感觉了，而我们一直所追求的幸福，也会变得近在咫尺。

杨光总是在忙，为了生计不停地奔波。30年前，他还是一个因为被生计所迫、从小山村来到大城市的打工仔，他为了将更多的钱寄回家中，就住最差的房间，吃最便宜的饭菜。终于在20年之后，他成为了一个比较成功的人，他在另外一个比较繁华的大城市有了自己的楼房，有了自己的公司，家人也从乡下搬到了城里。

尽管生活已经不再艰难，但是他丝毫不敢放松自己，他依旧拼搏，不断地壮大着自己的公司，他想在自己有生之年为下一代创造一个更好的未来，不要让儿女吃自己当年吃过的苦。终于，

篇一 迷茫篇

凝望失落的灵魂，幸福之神何时眷顾

他积攒起来的家业足够他的儿女们好好生活了，但是一场车祸却夺去了他的双腿，他再也不能站起来了，他的余生只能在轮椅上度过了。

已经60余岁的他，两鬓早已花白，但是在轮椅上的日子却是他这一辈子所过的最舒适、最轻松的日子。确实，刚开始的时候，他真的难以接受自己的双腿已废，他还想着自己公司的事情，他的儿女们还不足以担当重任，因为这些年来，他忙于自己的事业，根本就没有时间关心儿女，没有精力好好培养他们。他认为他们还小，现在只要好好生活在自己创造的优越环境中就好。当自己老了，拼不动了，闲下来的时候，就专门把他们培养成自己的接班人。但是他还没有闲下来，还没有培养他们之前，就出了车祸，失去了双腿。

躺在病床上的时候，他看到刚读完研的大儿子却把公司的事情处理得妥妥当当，除了欣慰的同时，更多的则是惭愧。他看到自己的老婆，曾经那般漂亮的她，双鬓也已斑白，还有正在读大学的小儿子和即将嫁人的女儿，他为了自己的事业，竟然忽略他们那么久。

出院之后，他就做了一个决定，将公司里所有的事情都交给了他的大儿子，为女儿准备了一笔丰厚的嫁妆之后，他就每天只是让老伴推着去公园散散步，偶尔也陪着老伴去美容院，做做足疗什么的。他觉得，生活本来就不应该那么紧张，步伐太快，只会让自己错过许多美景。有时候停下来休息一下，让自己的心灵放松一下，其实会更好。

其实，我们之所以感觉自己活得太累，大多时候就是因为心里

给幸福一条最浅的底线

装了太多的东西，想得太多，顾虑太多，烦恼也就随之多了起来。心灵的负重，相比身体的劳累而言，要更加可怕，因为身体的疲累，可以通过休息得到缓解，而心灵的疲累，却并非休息休息就能解决的。

一个人的心灵太过疲累的话就会影响到整个的心情，心情会影响情绪，情绪让人性变得扭曲，甚至危及身心的健康。其实每个人都有被他人所牵累、被自己所负累的时候，被生活的重担压得喘不过气来，这样的事情时有发生，只不过有些人会及时地调整，而有些人却深陷其中不得自拔。

在这个充满竞争压力的社会里，生活有太多的难题和烦恼，要活得一点不累也不现实。但是要想活得轻松一些，却也不难。不同时代的人有着不同的精神状态，以前，我们的物质生活很贫乏，但精神状态却很好；如今，我们的物质生活提高了，可精神生活却匮乏了。不要一遇上事情就钻牛角尖，让自己背负着沉重的思想包袱，自己受累的同时还累及心灵。紧张、快捷并不是生活的代表，适时地放松自己，时不时地为自己的心灵加点油，维修维修，这样才能走得更远，才能更好地享受生活，才能更真切地感受到生活的希望和幸福。

幸福箴言

疲累并非生活的缩影，也不是我们生活的主旋津。其实更多的时候，疲累只是我们自己强加在心灵的一道伤痕，因为我们背负太多、承受太多的缘故，也是因为我们不懂得让自己的心灵放松的缘故。其实，时不时地放松一下心灵，将一些不必要的负重卸去，让

篇一　迷茫篇
凝望失落的灵魂，幸福之神何时眷顾

我们感觉到轻松的同时，相信，也会在心里空出更多的地方去感悟生活，去寻求幸福。

8. 让自己慢下来，会有意外的收获

快节奏是现代都市生活的一个代名词，面对竞争，大多数人几乎都在争分夺秒地和时间赛跑，一旦慢下来，就会被淘汰，就会"Out（落伍）"。然而，超快的节奏让人连喘口气、呼吸一下的时间也抽不出来，时常搞得身心疲惫，长时间缺少放松，以致让心灵负债累累，再也无法品味生活的甜美，更加无法体悟平淡中的幸福。

生活中处处是美景，然而有些人却总是看不到生活的美，他们每天都匆匆忙忙，为生活奔波，根本无暇顾及周围的一切，当然，美景在他们眼中形同虚设。其实，有时候，试着放慢自己的脚步，让自己慢下来，或许你会发现，天边的云是那么悠然自得，马路边大树上停留的鸟儿在唱着快乐的歌，那些不知名的野花，一样开得美艳，闻一下，芳香也会让你沉醉。

让自己慢下来，也就意味着不要去追逐那些功名利禄的东西，不要去和别人攀比，不要让虚荣心操纵自己，不要妄想那些虚幻得如同镜中花水中月的东西，不要让贪婪蒙蔽双眼，凡事适可而止，找到属于自己的高度，达到之后不要再纠缠不休。懂得舍弃，紧紧抓住自己所拥有的，用心体味生活，心灵也会因此而变得轻松。试

给幸福一条最浅的底线

着让自己慢下来，你还会有意外的收获，也许，就在你放慢脚步的那一刻，幸福早已悄然而至。

森林中举办动物比"大"比赛。老牛第一个踊跃报名，当它走上擂台，站在那里的一刻，动物们高呼：大。大象也毫不示弱，它扬了扬长长的鼻子，站在擂台的那一刻，动物们顿时也欢呼：大。

台下角落里的一只青蛙看到眼前的情景，心里很不服气，甚至气坏了，它心想：难道我不大吗？它最终按捺不住自己跃跃欲试的激情，"嗖"地跳上一块巨石，用尽吃奶的力气，拼命鼓起肚皮，并神采飞扬地高喊：我大吗？"不大。"动物们看到青蛙滑稽的神情，很不屑一顾，并传来一片嘲讽之声。

青蛙有点失望，但它不服气，也咽不下这口气，它觉得自己已经足够大，只是这次没有发挥出真本事，于是它继续鼓肚皮。随着"嘭"的一声，青蛙的肚皮鼓破了。

可怜的青蛙，就那样站在众目睽睽之下，随着"嘭"一声，就结束了自己的生命，它甚至连停下来的机会都没有！然而，更加可悲的是，它至死也不知道自己到底有多大。

青蛙因为嫉妒，和别人攀比，最终葬送了性命。青蛙高估了自己的能力，站在台上的那一刻，青蛙再也无法让自己停下来，它根本就忘记了自己只是一只青蛙，有什么资本去跟牛和大象比大，它无法放弃自己内心的执著，只能付出惨重的代价。

试想，生命中，比我们优秀，比我们过得好，比我们拥有更多的人多了去了，我们根本无法去比较，而我们要做的就是凡事量力而行，时时刻刻记得放松自己的神经，放慢自己的脚步，不要为一些遥不可及的东西而付出不必要的代价。生活中有很多值得我们追

篇一 迷茫篇
凝望失落的灵魂,幸福之神何时眷顾

求和珍惜的东西,抓住眼前的一切才是明智,而幸福,就藏在我们身边不经意的地方,只要我们能慢下来,用心去体会就能找到它。

有一个人,他生前善良且热心助人,所以在他死后,升上天堂,做了天使。他当了天使后,仍时常到凡间帮助人,希望感受到幸福的味道。

一日,他遇见一个农夫,农夫的样子非常烦恼,他向天使诉说:"我家的水牛刚死了,没它帮忙犁田,我怎能下田作业呢?"

于是天使赐他一只健壮的水牛,农夫很高兴,天使在他身上感受到了幸福的味道。

又一日,他遇见一个男人,男人非常沮丧,他向天使诉说:"我的钱被骗光了,没盘缠回乡。"

于是天使给他银两做路费,男人很高兴,天使在他身上感受到了幸福的味道。

又一日,他遇见一个诗人,诗人年轻、英俊、有才华且富有,妻子貌美而温柔,但他却过得不快活。

天使问他:"你不快乐吗,我能帮你吗?"

诗人对天使说:"我什么都有,只欠一样东西,你能够给我吗?"

天使回答说:"可以。你要什么我都可以给你。"

诗人直直地望着天使:"我要的是幸福。"

这下子把天使难倒了,天使想了想,说:"我明白了。"

然后天使把诗人所拥有的都拿走了。

天使拿走诗人的才华,毁去他的容貌,夺去他的财产和他妻子的性命。

天使做完这些事后,便离去了。

给幸福一条最浅的底线

一个月后，天使再回到诗人的身边，他那时饿得半死，衣衫褴褛地躺在地上挣扎。

于是，天使把他的一切还给他。

然后，又离去了。

半个月后，天使再去看诗人。

这次，诗人搂着妻子，不住地向天使道谢。

因为，他得到幸福了。

其实幸福往往很普通，很平淡，总是悄无声息地陪伴在我们身边，然而，我们却忽略了它，我们感受不到自己所拥有的幸福，因为我们总是无法放慢脚步，只是拼命去追求自己所幻想的幸福，那我们如何又能开心，又能感受到幸福呢？其实，试着让自己慢下来，仔细看看我们身边的家人、朋友，以及现在所拥有的一切，就能找到平凡的幸福！

幸福箴言

大多时候，幸福并不是你拥有多少财富，你的人生有多么光鲜耀眼，也并非显赫的地位和荣耀。其实幸福很简单，也许就是你饥饿时的一块面包、疲累时的一张床、失落时别人一个鼓励的微笑……总之，幸福真的离你很近，只要你能让自己慢下来，懂得用心去感受。

篇二 探求篇
试探生活的深浅，追觅幸福的尺度

　　许多人一生都在追求幸福，却一直被幸福之神拒之门外，是因为他们所谓的幸福，总和自己相距甚远，甚至，他们心目中的幸福，只是一个幻想、一个遥不可及的梦。而有些人却找到了，是因为他们懂得用心去考究生活，用爱去勾勒幸福的细枝末节，他们明白，人生应该永不言弃，在纷繁间寻觅人生的真谛，他们能点亮那盏心灵永不熄灭的火把，驱散迷雾，最终试探到生活的深浅，追觅到幸福尺度。

第四章　修剪欲望，心灵洪荒岂会泛滥成灾

生活中，欲望往往就像一颗娇艳欲滴的红樱桃，时时刻刻诱惑着我们蠢蠢欲动的心。面对欲望的诱惑，许多人都无法抵御它的诱惑，甘愿俯首称臣，但也有一些人对其视而不见听而不闻，根本不会被其迷惑，还拥有着纯净的灵魂。而这些人，懂得及时修剪内心膨胀的欲望，才让心灵洪荒没有泛滥成灾，而他们的人生，到处充满着快乐和幸福的影子。

1. 用艺术的眼光雕琢生活

生活也讲究一种艺术，懂得生活的人，懂得用艺术的眼光去审视生活，也懂得用艺术的行为去善待生活。生活原本就很枯燥乏味，几乎每一天都在重复着昨天的事情，在这种年复一年、日复一日的重复中，我们将岁月消磨殆尽，最终却找不到生活的乐趣是什么。孰不知，其实生活也讲究艺术，需要你用心去雕琢。

每一个人都希望自己的人生精彩绝伦，有着别人所无法企及的

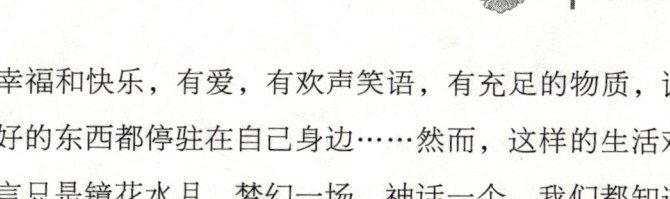

篇二 探求篇
试探生活的深浅，追觅幸福的尺度

幸福和快乐，有爱，有欢声笑语，有充足的物质，让世界上一切美好的东西都停驻在自己身边……然而，这样的生活对于大多数人而言只是镜花水月，梦幻一场，神话一个。我们都知道，现实与理想是两回事，它不会轻易让我们试探到生活的深浅，追觅到幸福的适度。因此，我们要想寻找到幸福之神眷顾的理由，就应该懂得如何生活，如何去善待生活。

究竟怎么才算是懂得生活，善待生活呢？或许每个人都有自己的诠释，但是，其中有一点却非常重要，那就是，将生活当作一种艺术，用心去雕琢，去感受，去接触，并且及时地修剪各种各样的欲望，让心灵洪荒不要泛滥成灾，那么，生活就会朝着更加美好快乐的方向发展，而幸福，也会在不远处招手。

其实，我们来到这个世上，并不是为了做苦力的，我们没必要将太多的压力放在生活中，虽然金钱和权力的诱惑很大，但是高处不胜寒，我们爬得越高，就越害怕跌下来，我们拥有的越多，就越害怕失去。可以说，金钱和权力在必要的时候就会变成一种牵绊，让人们陷入自己编织的欲望陷阱中，无法自拔。

总是听到有人在说："忙死了""这日子没法过了""我简直就是生活的奴隶"……诸如此类的抱怨很多，但是为什么他们的生活中只有繁忙和压力呢？真的是生活让人们不得不如此疲累吗？还是我们忽略了生活的本质，太过追求流俗，以至于忘记了生活本身就是一种艺术？

孟林终于挨到大学毕业了，她早已厌倦了学校中一板一眼的生活，盼望着早日步入社会，享受自由的生活是她最大的愿望。她毕业后作出的第一个决定就是搬出来租房子自己住，然后找份工作。

给 **幸福** 一条最浅的底线

有钱赚，又不用再听父母不断地在耳边念"三字经"，孟林觉得自己是最会享受生活的一个人。但是好景不长，孟林找的工作薪酬并不高，一个月下来，交完房租，剩下的就只够她的生活费，她成了名副其实的"月光族"。没有多余的钱买漂亮的衣服；喜欢美食的她，面对诱人的美味，也只能摸摸钱包黯然走过；甚至在上班之后就没有去过麦当劳和肯德基了。当许多人叫嚣着享受生活的时候，孟林却觉得生活对自己太过苛刻，她开始讨厌自己这般的生活。

有位要好的同事过生日，邀请了孟林。当孟林走进同事的房间的时候，她觉得自己还不算最惨的。同事和别人一起合租了一个房间，房间比孟林的小多了，没有什么家具，更甭说电视冰箱等家用电器。但是，孟林在同事的脸上看到了满足的影子。同事竟然因为这样的生活感到满足？同事生日的那一天，孟林第一次感觉到自己的生活还不赖。至少她的房间足够大，家具电器更是一应俱全，虽然租金高点，但是生活本该就是那样子。

在一次闲聊中，孟林问那个同事，她是怎样看待自己的生活的。谁知那个同事说出了一句很有意思的话，她说："生活其实也讲究艺术，就看你怎么看待。在生活中，虽然我的物质条件不怎么好，但是生活却让我的精神很满足，因为我觉得，只要以平淡的态度，艺术的方式看待生活，那么生活就是一种艺术。"孟林听后恍然大悟，原来是自己一直不懂得生活，所以才会将生活看作是一种痛苦的煎熬。她感激地抱了抱那位同事。

后来，就再也没有人听到孟林抱怨过自己的生活。她几乎每天都可以找到一两个理由，让自己喜欢上生活中的一切。她觉得，生活其实并没有固定的样子，主要在于人们自己的决定，如果你以一

篇二 探求篇
试探生活的深浅，追觅幸福的尺度

种艺术的方式对待生活，生活就是一种艺术。

其实我们没必要去抱怨生活，因为生活对于每个人都是公平的。上帝不会去特别偏爱一个人，也不会去故意伤害一个人。人的一生最初的时候都是一张白纸，而生活的每一天就像是一支神奇的画笔，只有我们自己才可以掌控这支画笔，也只有我们自己才可以在自己人生的白纸上涂满色彩，因此，每个人其实是借助生活描绘着自己的一生，不论黑白、彩色，都应该充满艺术味道。因为，生活的艺术无处不在，一盆养在居室里的花，一株放在阳台上的兰草，朋友们聚在一起的下午茶，同事们无聊时所拉的家常……很多很多，虽然看上去并不是多么高雅的事情，但是世俗中的艺术更能引起人们的关注。这种世俗中的艺术，也只能从生活中体现出来。

对于生活，过多的抱怨于事无补，抱怨无法解决生活中的实际问题，只会让生活更远离我们。要知道生活也讲究艺术，我们不妨用一些文雅的方式去生活：繁忙中享受轻松带来的舒畅，在花草中陶冶自己的情趣，开心的时候大声笑出来，悲伤的时候也不要太顾及自己的形象，放声大哭一场，让压力和烦恼随着眼泪流走，消失在空气中。让心灵的负重随之放下，也要记得及时修剪掉疯长的各种欲望，让我们的生活不再负重；及时修剪欲望，让我们的人生不再寂寞。闲庭信步，淡看云卷云舒，生活讲究艺术，生活自然会以欢乐回报我们。

幸福箴言

人的一生不应该沉浸在欲望的泥沼中，也不该以各种借口让自己的生活满载负重。生活也需要讲究艺术，只有善于发现，用心体

给*幸福*一条最浅的底线

会,并及时地修剪掉自己心灵的各种欲望,才能在为自己绘制人生蓝图的时候有据可凭,有景可参。而生活的艺术,需要我们用一颗真诚的心,懂得生活、懂得快乐和幸福的心去经营。

2. 修剪过枝叶的树,才会长得茁壮

假如一棵树,不经过修剪,尽管依旧能长得茂盛,却没有好的形状,而且,长出来的许多枝干就会吸收掉养分,让主干无法茁壮成长。其实,人生好比是一棵树,每一棵参天大树的成长过程都是漫长而艰辛的,都必将经过无数次地修剪。而生活中的种种欲望,就像小侧枝,只要我们稍不留神就会疯狂地长起来。因此,人生只有经过不断地修剪,才能真正剔除心灵的杂草,让灵魂摈弃世俗缠绕,透过笼罩的迷雾,探寻到幸福。

欲望有时候就像是一条锁链,一环牵着一环,环环紧扣,将我们紧紧锁住,很难解开来。而人心,一旦充满欲望,就会很难满足,想要的太多,就会变得越来越贪婪,最终,人心会变得越来越空洞,再也找不到任何东西来填充这份空虚,而生命,也会因此而变得荒芜和充满孤寂,生活中,或许再也无法找到快乐和幸福,心灵的洪荒将会泛滥成灾。因此,只有不断地修剪那些内心蠢蠢欲动的欲望,将它们彻底清除,它们才不会侵占我们的内心,生命才会因此变得更加精彩,生活中才会充满欢声笑语,幸福才会相伴左右。

篇二 探求篇
试探生活的深浅，追觅幸福的尺度

两个天使到一个富户家借宿。这家人拒绝让他们在卧室过夜，而是在地下室给他们找了一个角落。当他们铺床时，老天使发现墙上有一个洞，就顺手把它修补好了。年轻的天使问为什么，老天使答道："有些事并不像它看上去那样。"

第二晚，两个天使又到了一个贫穷的农家借宿。主人夫妇俩把仅有的一点点食物拿出来款待客人，然后又让出自己的床铺给他们。第二天一早，两个天使发现夫妇俩在哭泣，他们唯一的生活来源——一头奶牛死了。年轻的天使非常愤怒地质问老天使为什么会这样，第一个家庭什么都有，老天使还帮助他们修补墙洞，第二个家庭尽管如此贫穷还是热情款待客人，而老天使却没有阻止奶牛的死亡。

"有些事并不像它看上去那样。"老天使答道，"当我们在地下室过夜时，我从墙洞看到墙里面堆满了金块。因为主人被贪欲所迷惑，不愿意分享他的财富，所以我把墙洞填上了。昨晚，死亡之神来召唤农夫的妻子，我让奶牛代替了她。"

故事中的农夫，面对生活中的诱惑，依旧能不为之所动心，仍然能够坚守清贫，他们一家能够拥有普通的快乐，就连天使看见了也都会帮助他们。因此，农夫的妻子原本被死亡之神召唤，却因为他们拥有一颗纯净的灵魂，所以得到了天使的帮助，他们虽然没有得到财富，却因此而躲过了一场生命浩劫。

欲望的确是我们大多数人都无法轻易摆脱的，我们生活着，就要面对种种诱惑，在欲望面前，总有一些人做了欲望的奴仆，跪拜在欲望脚下，俯首称臣，但是，大多数人不会受它们的蛊惑，依旧能拥有纯净的灵魂，而这些人，往往能够及时地修剪内心欲望的枝叶，避免心灵洪荒的发生。

有一位修道者，准备离开他所住的村庄，到无人居住的山中去隐居修行，以期望自己有所成就。走的时候他只带了一块布当作衣服。

因为他只带了一块布，所以每当衣服脏了的时候，他必须光着身子待在山中，天热的时候还好点，天冷了，刺骨的寒风让他十分恼火。修道者并不希望这些琐事干扰到自己，为了能够静下心来修行，于是，他就下山到村庄中，向村民们乞讨了一块布作衣服。村民们都知道他是一个虔诚的修道者，便不假思索地送了一块布给他。

修道者想到自己终于不会再为衣服的事情发愁了，于是欢快地回到山中。可是又有新的烦恼困扰着他，他发现在自己居住的茅屋里有一只老鼠，常常会在他打坐的时候来咬他那件准备换洗的衣服。他既不愿意去伤害那只老鼠，但是又不想看着自己的衣服被咬烂，因此愁苦，无法静心修行。后来他终于想到一个办法，回村向村民要了一只猫。

猫来了之后，修道者又因为猫的食物问题而发愁，于是又向村民要了一头奶牛。解决了这一系列的问题之后，他想自己应该可以静心修行了吧！但是，在山中居住了一段时间后，修道者十分悲哀地发现，他每天都要花很多时间来照顾那头奶牛，以至于根本无法静心修道。于是他又回到村庄，找了一个无家可归的流浪汉到山中居住，帮他照顾奶牛。

流浪汉在山中居住了一段时间后，修道者又遇上难题了，因为流浪汉向他抱怨："我跟你不一样，我不想修行，我需要一个太太，

篇二　探求篇
试探生活的深浅，追觅幸福的尺度

我要过正常的家庭生活。"修道者想想流浪汉说的也有道理，有个太太陪着流浪汉，自己就可以心无旁骛地修行了，于是就替流浪汉娶了个太太。事情就这样一直发展下去，到了后来，整个村庄都搬到山上去了。而修道者也一直没有达到自己清修的愿望，最后在悔恨中逝去。

修道者之所以难以完成自己隐居修行的愿望，主要就在于他无法驱赶走自己内心的欲望。人内心的欲望就像一个无底洞，有时候任由我们怎么填补都无法真正满足，正像故事中的修道者一样，原本，作为一个修道者，应该无欲无求，然而，他却被一个个欲望牵着走，以至于无法遏制内心疯长的欲望蒿草。在他得到一块布作为衣服之后，接二连三地得到了猫、奶牛、流浪汉，等等，最终他做了欲望的奴隶，而他美好的愿望也因为无休止的欲望而毁灭了。

到底怎么样才能遏制自己内心疯长的欲望，让灵魂找到皈依呢？及时地拔除内心每一个萌生的欲望之苗，心灵才会免去一场荒芜的劫难，而心灵洪荒也不会泛滥成灾。人的内心就像是一棵树，只有经过精心修剪，才能长得更加茁壮、健康。

幸福箴言

一个人的欲望是无止境的，当你得到一样东西时，你会为了这件东西找寻更多的东西，就这样一环套一环，永远没有终止的一天。一个不懂得满足的人，也许一生也不会尝到幸福的味道，因为在别人幸福的时候，他仍在为获得更多的东西而苦恼。

给**幸福**一条最浅的底线

3. 在知足中体会常乐

知足常乐，说起来简单，但有多少人能做到呢？人总是对幸福有着无限追求的欲望，总觉得自己不够幸福，因此，幸福没有得到更多，却徒增许多烦恼。因此，当我们身心疲惫地为追求幸福而奔波的时候，不妨试着回头看看，其实我们拥有的已经不少了，起码我们拥有生命，拥有健康，拥有爱，那些我们所拥有的，早已足够让我们感觉到幸福，何不去享受呢？

生活中，我们总是喜欢去憧憬未来，当然，未来永远都像是一个谜底，诱惑着我们去憧憬、去探索，未来也永远都充满着希望，因为有了希望，就会有幸福出现，因此，我们总是会对未来锲而不舍地追求、期盼着。而对过去的怀念，也是我们生活中经常发生的事情，过去的时光，总会有太多美好值得回忆，同样，也会有很多痛苦让我们缅怀，但是，过去的毕竟已经随风飘逝，未来又是那么遥不可及，唯有现在，才是最值得珍惜的。因此，我们应该懂得珍惜现在拥有的，懂得知足，只有懂得满足，才能让烦恼远离我们，才会找到生活中点点滴滴平凡琐碎的幸福和快乐。

而只有懂得知足的人生，才不至于被欲望所牵绊，也不会被一个个的欲望牵着鼻子走路，而我们的生活也会更加云淡风轻，少了很多羁绊，少了太多的烦闷和苦恼。生活中，少了一份烦恼和苦闷，人的心情也会更加轻松，而快乐，往往喜欢绕开烦恼悄然而

篇二　探求篇
试探生活的深浅，追觅幸福的尺度

至，有快乐相伴的人生，又何愁追觅不到幸福呢？

一位哲学家途经荒漠，看到很久以前的一座城池的废墟。岁月已经让这个城池显得满目沧桑了，但仔细地看却依然能辨析出昔日辉煌时的风采。哲学家想在此休息一下，就随手搬过一个石雕坐下来。

他点燃一支烟，望着被历史遗留下来的城垣，想象着曾经发生过的故事，不由得感叹了一声。

忽然，他听到有人说："先生，你感叹什么呀？"

他四下里望了望，却没有人，他疑惑起来。那声音又响起来，是来自那个石雕，原来那是一尊"双面神"神像。

他没有见过双面神，所以就奇怪地问："你为什么会有两副面孔呢？"

双面神就回答道："有了两副面孔，我才能一面察看过去，牢牢吸取曾经的教训。另一面又可以展望未来，去憧憬无限美好的明天。"

哲学家说："过去的只能是现在的逝去，再也无法留住，而未来又是现在的延续，是你现在无法得到的。你不把现在放在眼里，即使你能对过去了如指掌，对未来洞察先知，又有什么具体的实在意义呢？"

双面神听了哲学家的话，不由得痛哭起来，说："先生啊，听了你的话，我才明白，我今天落得如此下场的根源。"

哲学家问："为什么？"

双面神说："很久以前，我驻守这座城时，自诩能够一面察看过去，一面又能展望未来，却唯独没有好好地把握住现在，结果，

给幸福一条最浅的底线

这座城池便被敌人攻陷了,美丽的辉煌都成为了过眼云烟,我也被人们唾骂而弃于废墟中了。"

过去早已成为往事随风而逝,未来又是如此遥不可及,唯有现在,才是最值得紧握和珍惜的。故事中的双面神,正因为不懂得把握好现在,它只懂得查看过去和展望未来,却唯独没有将现在仅仅抓在手中,因此,它才失去了城池,让那些美丽辉煌变成了过眼云烟,最终只留在了记忆中,而它自己也因此被人们唾弃于废墟中,虚度年华。这个故事告诉我们,生活中,要懂得把握好现在,不要让自己的时间虚度,利用我们所拥有的时间,去创造自己的价值,不要等时间过去了后悔莫及。

乌鸦和喜鹊各占一个山头作为领地,乌鸦的山头长满各种各样的奇花异草,远远望去,是一座十分美丽的大花园。喜鹊的山头长着各种树木,绿树成荫,十分壮观。乌鸦时常望着对面的山想:还是喜鹊的山头好,自己的山头全是乱七八糟的草,没有一棵成材的东西。喜鹊望着对面的山头想:还是乌鸦的山头好,我这山头全是硬梆梆的大树,一点也不温馨。

乌鸦提出要同喜鹊换领地,这个想法正中喜鹊下怀,它们一拍即合,便交换了领地。

乌鸦飞到喜鹊的领地,一开始感到很新鲜,但不久便发现了新领地的不足,此地没花没草,太单调了。乌鸦很快就后悔了。喜鹊飞到乌鸦的领地后,一开始感到很满意,但不久它就发现没有高大的树木栖身,难受极了。它也后悔了。

为了不让对方发现自己后悔,它们白天装着快乐的样子,晚上却彻夜难眠,痛苦不堪。时间长了,它们都知道了相互的真实处境，但谁也不点破。

于是痛苦便伴随了它们一生。

有些东西在得不到的时候感觉是最好的，但是在设法得到后，才知道并不适合自己。在生活中，应该知足常乐，珍惜自己所拥有的，但是万一失去了，也要坦然面对，如果太在乎得失，受苦的终究还是自己。其实，很多时候幸福就像穿鞋一样，合不合适只有自己的脚知道，别人的鞋再好，也不一定就适合你，所以最适合自己的才是最好的。

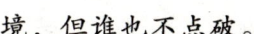
幸福箴言

我们的生活，总是被一些欲望所充斥着，充满欲望的人生，只知道无限度地去索取、去追求，却无法平心静气地去享受生命中点点滴滴、细碎平凡的快乐和幸福。要想获得快乐，就要懂得知足，懂得珍惜眼前所拥有的一切，对于那些遥远的、梦幻的、充满神话色彩的东西，不要过于执著，而应该紧紧握住现在拥有的，懂得知足，这样幸福和快乐才会更加真切。

4. 懂得给自己的人生做减法

相信大多数人都喜欢房子打扫后那种焕然一新的感觉。我们的心灵也和房子一样，是需要经常清扫的。虽然说人心是最宽阔的地方，但是，心再大，也不能什么都留着。心里有太多的事情，会让

给幸福一条最浅的底线

我们的人生负累。懂得生活的人，懂得给自己的人生做减法，也懂得什么是放弃。放弃一些东西，不再让心灵负重，给自己的人生做减法，及时清扫心灵的垃圾，还自己一个更广阔的世界，生活也会因此多一点快乐和幸福。

不断放弃一些东西，因为"生命里填塞的东西愈少，就愈能发挥潜能"。清扫心灵是一种挣扎与奋斗的过程。人生应该就是一个不断挥手的旅程，伤心人要告别伤心地，快乐就要告别悲伤……没有告别，就没有成长，要坚强，就要勇于转身。人生只有懂得放弃，才会得到更多，懂得做减法的人生，心灵就不会积满"灰尘"，人生也会多一份坦然。

有位作家曾说过："活着真叫累，有人这么感喟。活着真叫烦，更有人这么嘘叹。而我寻找了千百种理由之后，才得以发现，生活在我的视野下呈现出与别人的不同，不是生活赐予我有什么不同，却仅仅是因为，在我的胸襟之中，盈盈地盛满这么两个字，坦然。"而坦然是一种失意后的乐观，是沮丧时自我的一种调整，是平淡中的一份自信，坦然是一种潇洒，坦然是一份快乐、一份幸福。

刘小红是一个肢残的中年妇女，敦实的上身像厚厚的一堵墙壁。黝黑的"国"字脸、齐耳的短发、中性化的着装和粗糙的皮肤，找不到丝毫女性的妩媚。她的臀部以下全没了，特制的裤子像个网兜一样把残余的臀部包住，"竖"在地上像个桩子。

她是用两手撑住砖头移到这个残疾人腕力比赛的赛场上来的。当那个"半截人"移到腕力比赛专用桌下时，全场的人都吃惊得半天合不拢嘴。

篇二 探求篇
试探生活的深浅，追觅幸福的尺度

两个裁判员把她"提"到凳子上，那女人伸手在腕力桌上摆出了"战斗"的姿态，而对面的对手袁静却吃惊得忘了这是比赛。

直到裁判员碰了袁静一下，他才醒悟过来。迟疑着伸过手，握住的是满手的硬茧……

赛罢，裁判员把她从凳子上放回地面，她又那么以手当足地撑着身子"走"下赛场。

很多人都不敢想象，她是怎样以半截之躯承受起漫漫人生的风雨的。

然而，袁静却心情沉重地走下赛场。一直在观看比赛的朋友问他："如果命运注定你有一种残疾，你会选择哪种？"

他一时语塞。环视四周，不远处就是一位眼眶凹陷、一脸茫然地让人扶着走进赛场的盲人。

袁静无法想象，终其一生摸索在黑暗中是怎样的凄凉。看不到亲人的笑脸，看不到鲜花簇拥的春天，永远猜不透颜色是什么东西，甚至不知道与自己生活了一辈子的人是什么模样，还有什么能比这更痛苦？

肢残人呢？那个"半截人"的情况是让人想都不敢去想的事，附近那个坐在轮椅上的男子的情况也强不了多少。想想如果不能走、不能跑，甚至不能起身为你爱的人做一碗面，那是怎样残酷的事啊！

"快说啊，问你呢！"朋友推推发愣的袁静。

"还是有什么都别有残疾最好！如果非要有一种残疾，那还是选耳聋吧。"他的心情很复杂。

朋友不失时机地开导他："你曾经为聋了双耳痛苦不堪，以为

给幸福一条最浅的底线

聋人是天下最不幸的人了。现在知道了吧？还有多少人比你更不幸，却仍这样坦然地面对生活。"

袁静反唇相讥："你也对我说过你是多么不幸，感叹怎么会有那么多倒霉的事落在你头上——炒股深套、升职无望、工资菲薄、新车被盗，失业后伤心得简直想跳楼……"

朋友有些不好意思："我现在才知道，与残疾人相比，我是多么幸运啊！"

一旁坐在轮椅上一直在听他们对话的截瘫男人笑笑，并不言语。

当我们在为自己的某种残缺痛不欲生的时候，最有权利诅咒命运的那些人，却缄默不语。

或许有些人生来就注定了他们与众不同的悲惨命运，可能他们有过沮丧，有过放弃，有过抱怨，但最终，有很多人还是积极乐观地创造着生命的奇迹。故事中的残疾人，面对命运的不公，他没有因此而怨天尤人，更没有让悲伤和烦恼主宰自己的人生，他之所以能够拥有那份坦然和恬淡，正是因为他懂得给自己的人生做减法，懂得放弃心中的那些痛苦和悲伤，以一种豁达乐观的心态去面对生命的馈赠，直面生活中的种种苦难。他没有因为自身身体的残疾而背上思想的负重，而是去做自己喜欢的事情，去挑战人生。

幸福箴言

懂得给自己的人生做减法，才能在面对生命的每一次挑战时轻装上阵，才能腾出更多的心灵空间去思索未来，去把握人生。懂得给自己的人生做减法，也就是让我们懂得摈除生活中各种各样欲望

篇二 探求篇
试探生活的深浅，追觅幸福的尺度

的牵绊，给心灵一个更加广阔的空间去放置那些快乐和美好的东西，而生活，也会因此而变得更加美好。

5. 用爱沐浴，寂寞也会打退堂鼓

在每个人心中，或多或少都会找到寂寞的影子，寂寞有时候是因为孤独，有时候是因为被人忽视，但更多的时候，内心寂寞是因为缺少爱。爱的不断流失，会让寂寞的种子不断生长，而寂寞，让心灵变得荒芜、空虚，寂寞的人生，往往感受不到生活中的快乐和幸福。让我们用爱驱逐内心的寂寞，寂寞也会打退堂鼓。

生活总是因为有了爱才变得更加精彩，更加有滋有味，生命中也正是因为有了自己爱的人和爱自己的人而不再寂寞。因为爱，我们的心灵不再空虚，心怀有爱的人，懂得珍惜生活的所有馈赠，懂得感恩、宽容。爱就像一个编织得美丽的丝带，将一个个美好的东西串联起来，串联起来的一个个美好，幻化成更多的爱，这些爱让我们的心灵长出翅膀，载着幸福飞翔。

生命中因为有了爱，寂寞才销声匿迹，没有寂寞的人生，少了许多烦恼，多了几分快乐和幸福。因为有爱，就有了更多希望，少了许多失望和绝望；因为爱，我们眼中更多的是美好的东西，那些丑恶和肮脏将隐藏；因为爱，才让我们勇于试探生活的深浅，勾勒出幸福的细枝末节，在幸福中感受人生，拥抱生活。

房东大娘的耳朵很背。刚跟她接触时，我打了个呵欠，她赶忙

给*幸福*一条最浅的底线

冲我说:"你说什么我听不清,你要大声一点!"

后来有一天闲聊,房东老大爷告诉我,大娘的耳朵是在一次病后留下的后遗症。那是一次惨痛的令人不忍回忆的经历。晚上睡觉时煤气泄漏了,大女儿和大女婿双双身亡。大娘由于离门较近才幸免于难。但是她出院以后伤心过度,大病一场,耳朵就聋了。

不过,我在这个小院子里住了些日子,发现两位老人并没有因为其中一个耳朵聋而生活不便。每天早晨起来,大娘生火做饭,大爷在院子里收拾家什,待一会儿大爷就进来吃饭,一切井井有条,按部就班。大爷也从没大声向大娘喊过什么。

后来我终于发现了一个秘密,那就是大爷的耳朵特别灵敏。有一天晚上,我正在屋里看书,大爷忽然敲门进来问我什么东西在嗦嗦地响。我侧着耳朵听了听,再低头一看,原来是一只小耗子正在墙角啃我扔在那儿的苹果核。我刚才读书过于投入,没有注意到。我对大爷的举动感到有些奇怪——这么小的动静,你也能听得到?

大爷对我说:"你别看我都70多岁了,论起听力来,你们这些年轻人都不是对手。"我问他以前就是这样吗?他说不是。他是从房东大娘变聋以后,耳朵才在忽然之间变得特别灵敏的。

我看着大爷那满头花白的头发,觉得这背后似乎有着什么神秘的因缘。上帝让一个人失去了一件东西,又赋予他(她)最亲密的人双倍这样的功能,两个人依然是一个完整的整体。它是想让这些人获得一个生存的支点吗?想一想,如果一个人的生命中没有一个深爱着自己的人该会怎么样呢?

房东大娘的生命中因为有了一个深爱自己的人,原本寂寞的生活才充满乐趣,她的耳朵背了,但是上帝赋予了她爱的人双倍的听

篇二 探求篇
试探生活的深浅,追觅幸福的尺度

力,在一定程度上弥补了她的不足,两个人相依相伴,生活也变得充满乐趣。正是因为他们之间有深厚的感情,有着浓得化不开的爱存在,所以生活也多了很多的希望,尽管生活的苦难带给了他们太多的悲伤和痛苦,失去亲人的他们,寂寞是难免的,但是正因为他们有爱,才让那份寂寞没有放大、扩散,而是不断地缩小,最终隐匿在生活的角落中,变得不起眼。

生命中因为有了爱,才让我们寂寞的灵魂感受到温暖,爱就像是温泉,每当我们跳进去,泡一泡,就会无时无刻不滋润着我们的身心,温暖着我们跳动的脉搏。尽管生命中会有不幸的遭遇如同黑夜般覆盖而来,但战胜它的却是爱,爱在那一刻就是黎明的曙光。生活中,千万不要吝惜你的爱,或许只是你举手之劳的奉献,但在别人来说就是生命攸关的大事。所以给爱一份流动,传给那些真正需要的人们,让爱编织一个美丽的未来,让寂寞靠边站,那么,我们的生活中就会少一分烦恼,多一分幸福。

有位孤独的老人,无儿无女,又体弱多病。他决定搬到养老院去。老人宣布出售他漂亮的住宅,购买者闻讯蜂拥而至。住宅底价8万英镑,但人们很快就将它炒到了10万英镑。价格还在不断攀升。老人深陷在沙发里,满目忧郁,要不是健康情形不行,他是不会卖掉这栋陪他度过大半生的住宅的。

一个衣着朴素的青年来到老人眼前,弯下腰,低声说:"先生,我也好想买这栋住宅,可我只有一万英镑。可是,如果您把住宅卖给我,我保证会让您依旧生活在这里,和我一起喝茶,读报,散步,天天都快快乐乐的——相信我,我会用整颗心来照顾您!"

老人想了想,答应了青年的请求,但是条件是如果青年不能遵

给 幸福 一条最浅的底线

守自己的诺言，不仅得不到住宅，还要另外拿出一大笔金钱作为赔偿金。那青年得到房屋之后，果然按照之前的承诺将老人接来和自己一起居住。居住期间，他对老人很是照顾，最后老人含笑离开了人世，他把自己卖房子得到的那一万英镑当作遗产留给了青年。

看到上面这个故事，有人可能会说这青年太幸运了，但是我们不难看出，青年之所以受到幸运之神的眷顾，主要是他拥有一颗爱心。其实，冷酷地厮杀和欺诈不会让人获得幸福，幸福只会眷顾那些怀有爱心的人。怀着善意去生活，生活回报给你的就是善意。对待别人也是一样的道理，很多时候我们就输在了没有善意，没有一颗爱人之心。生活中的所有并不是我们能掌握控制的，但我们可以改变自己，相信你的善意和爱会给你无可比拟的财富。

幸福箴言

其实，隐藏在生活琐碎中的爱，尽管少了太多激情，变得平淡无奇，但是它却真实地存在于生活的每一个细节之中，只要你用心去感受，去发现，你就会知道，爱悄悄地等着你，陪着你，就像誓言里所说的一样，不管生老病死，都会一生一世，不离不弃。用爱沐浴，寂寞也会打退堂鼓，而生活中少了寂寞的影子，就会多一份希望和幸福相随。

篇二 探求篇
试探生活的深浅，追觅幸福的尺度

6. 做自己情绪的主人

情绪的好坏往往影响着我们生活的质量，好的情绪让我们神采飞扬，让我们感到快乐、幸福，让我们懂得爱，懂得关怀。相反，不好的情绪就像一个恶魔，操控着我们，让我们变得易怒、暴躁、烦闷，它也会用那双恶魔的手蒙蔽我们的双眼，让我们看不到任何生活的希望，找不到快乐的影子，抓不住幸福的尾巴，让我们的生活变得一团糟。因此，如果要想自己的生活变得更加美好，就应该驱逐那些不良情绪，学会做自己情绪的主人，控制自己的心情，让好的心情带给我们好的希望和梦想。

生活中，每天都要面对形形色色的事情，也要解决各种各样的问题，这样一来，烦恼也会随之而来，汇聚起来的烦恼不断地扩散，就像病毒一般变得流行起来，而不良的情绪就会随之产生。"郁闷啊""烦死了"这是我们经常听到的抱怨声，其实，这就是不良情绪产生的前兆，如果一个人在这个时候，能调节自己的情绪，让不好的心情就此打住，不要再继续恶化，或许带给我们的仅仅是一些烦恼、一些郁闷，也不会太影响生活。

然而，有些人却总是无法控制自己的情绪，一旦遇到事情，总是被自己的情绪所左右，往往无法冷静地处理事情。不良情绪会让我们做出错误的选择，不仅于事无补，反而惹来更大的麻烦。不良情绪有时候就像是一个导火索，一旦点燃，后果将不堪

给*幸福*一条最浅的底线

设想，焚烧的不仅仅是周围的人，往往还有自己。生活中，一旦有了不良情绪，应该学会去控制，凡事都应该往好的方面想，不要将自己禁锢在思维的死胡同。看得开，想得远，尽量不要为眼前的现状而乱了方寸，更不要让不良情绪操控自己的思维和行动。控制好自己的不良情绪，并将它们驱逐，这样，生活中会多一点快乐和幸福。

曼德拉因为带头反对白人种族隔离制度的政策而入狱，白人统治者把他关在荒凉的大西洋小岛——罗本岛上27年。当时曼德拉年事已高，但白人统治者仍然像对待年轻犯人一样对他进行残酷地虐待。

罗本岛上布满岩石，到处都是海豹、蛇和其他动物。曼德拉被关在总集中营的一个"锌皮房"，白天他要将采石场的大石块打碎成石料。有的时候他要下到冰冷的海水里捞海带，有的时候他要干采石灰的活儿——每天早晨排队到采石场，然后被解开脚镣，在一个很大的石灰场里，用尖镐和铁锹挖石灰石。因为曼德拉是要犯，看管他的人就有3个，他们对他并不友好。1991年曼德拉出狱当选总统以后，他在就职典礼上的一个举动震惊了整个世界。

总统就职仪式开始后，曼德拉起身致辞，欢迎来宾。他依次介绍了来自世界各国的政要，然后他说，能接待这么多尊贵的客人他深感荣幸；但他最高兴的是，当初在罗本岛监狱看守他的3名狱警也能到场。随即他邀请他们起立，并把他们介绍给大家。

曼德拉的博大胸襟和宽容精神，令那些残酷地虐待了他27年的白人汗颜，也让所有到场的人肃然起敬。看着年迈的曼德拉缓缓站起来，恭敬地向3个曾看管他的狱警致敬，在场的所有来宾以至

篇二　探求篇
试探生活的深浅，追觅幸福的尺度

整个世界，都静了下来。

后来，曼德拉向朋友们解释说，自己年轻的时候性子很急，脾气又暴躁，正是狱中生活使他学会了控制情绪，因此才活了下来。牢狱岁月给了他时间与激励，也使他学会了如何处理自己遭遇的痛苦。

曼德拉面对生活的困境，没有让不良情绪控制自己的思维和行动，他没有抱怨，没有怨恨，也没有因为别人伤害自己而燃起愤怒的火焰，而是以平和的心态、以积极的态度面对人生的困境，面对那27年在狱中被残酷虐待的非人生活，当他当上总统的那一刻，不仅没有报复曾经伤害过他的人，反而用宽恕和容忍面对，并恭敬地向那些人致敬。这种气度，这种对自己情绪的操控能力实在令许多人汗颜。

或许正是这种在逆境中成长的毅力和忍耐力成为他成功的关键，宽容并善待那些曾经对他苛刻的人。或许生活的原来面貌就是这样，只有自己战胜自己心中的障碍，才会拥有全新的人生，在磨难中升华灵魂，提炼自己，让每一个困难都成为迈向成功和追寻幸福的阶梯，让每一份付出都得到不菲的回报。生活中，困难、苦难其实算不了什么，真正让我们沦陷的更多的时候或许是因为我们的内心、我们的情绪。不良情绪让我们满怀愤怒和不平，好事也会变成坏事，而良好的情绪，让人内心充满阳光和温暖，坏事也会变成好事，有了阳光和温暖的世界，难道还怕找不到美好和幸福？因此，请记得时刻驱逐那些困扰我们的不良情绪，生活真的会一直很美好，不信，试试看！

给**幸福**一条最浅的底线

幸福箴言

生活和工作中,遇到不顺心的人或者事是十之八九的事情,我们时时刻刻都要怀有一颗包容宽恕之心,懂得包容别人的缺点、不足,记得要宽恕别人对自己犯下的错。不要太计较个人得失,也不要让那些不良情绪操控你的人生,凡事都往好的方面想,相信今天的阴雨并不糟糕,明天一定会是艳阳天,那么,生活也会朝着更美好的方向发展,我们的人生,又何愁没有幸福呢?

7. 琐碎也是一种别样的幸福

三角形的镜子将折射人生的百态,并相互支撑起这个世界,而每个人似乎都在三角夹缝中经历着五颜六色而细微琐碎的人生,其中有风雨也有彩虹,有欢笑也有泪水,有苦难也充斥着幸福。每当角度转动一下,你的世界也会改变当初的颜色,也许,在那一瞬间,你将经历人生所无法预料的遭遇,但不论如何,这些琐碎中,总会找到一些幸福的细枝末节。

大多数人都有一颗不服输的心,也都有一颗意欲凌驾于现实之上的灵魂。因此,我们总是去追逐那些伟大而轰轰烈烈的事情,的确,它们不论是给我们心灵的冲击还是对我们生活的改变,都能起到翻天覆地的作用,可是,那些伟大或者轰轰烈烈毕竟不是构筑我们生活的全部,生活最终还是要归结到平淡中去,那些琐碎才是主

篇二 探求篇
试探生活的深浅，追觅幸福的尺度

导生活的因素。所以，我们不要忽略生活中的那些细枝末节，或许幸福就藏在它们中间。

现实社会，人们都太忙碌以至于忘记生活中很多细节，忽视了那些每天都出现在我们生活中的琐碎，因为那些不起眼的琐碎往往隐藏在我们周围，稍不留神就会忽略掉。而正是那些琐碎的细节，构筑了我们人生的点点滴滴，不论是快乐，还是幸福，不论是悲伤，还是欢喜，都隐藏在其中。因此，面对忙碌的世界，何不停下脚步慢慢体味那些琐碎的快乐和幸福呢？

忽然觉得婚姻已走到尽头。因为，柳芳再也感觉不到李帆的爱。

柳芳不是一个能将就的女人。既然无爱，那就不要勉强凑合下去了吧。她去到女友那里，准备和她好好聊一个通宵，告诉她自己的休夫打算。

说得口干了，自己起身去续水。手伸向开水瓶的当儿，忽然觉得，咋那么别扭啊？原来这瓶的把儿放在右边，而她，是个左撇子啊。可是在家怎么从来就没有不顺手的感觉呢？她想了想，好像家里的瓶把儿永远都是在左边的，哪怕是李帆用过之后。可李帆，并不是左撇子。她的心里动了动，倒了水后，半天没做声。

聊得有些乏了，她想到网上去逛荡逛荡。女友说你自便吧，就自个看电视去了。

坐到女友的电脑前，伸手去抓鼠标，又觉出了不对劲，这鼠标怎么放在右边啊，而且，左右键和家里的那个正好相反，用起来太不方便了！

记得家里的电脑买回时，配的鼠标也是跟女友的这个一样，好

117

给幸福一条最浅的底线

像一般鼠标都是这样的吧。李帆见她用起来不怎么顺手,就留心打听有关鼠标的新信息。得知外地有一家公司专为左撇子开发了一种鼠标,和通常的鼠标是反向的,他立刻邮购了两个回来,一个装在自家的电脑上,一个装到她在单位用的电脑上。可是,惯用右手的李帆,又是如何去适应这个左撇子鼠标的呢?

手在网络上机械地游走,她灰冷的心却一点一点地暖热起来。

原来,爱一直悄悄地存在,并且,就实实在在地握在自己的左手心里啊!

其实,隐藏在生活琐碎中的爱,虽然少了太多的激情,变得就像那个开水瓶、那个鼠标,看似平淡无奇,但它却真实地存在于生活的每一个细枝末节之中。柳芳和李帆的爱情,似乎随着时间早已淹没在时间的洪流之中,早已少了那份汹涌澎湃,但却多了一份涓涓而流的长久。可是,有一天,她才忽然发现,原来,那份爱没有褪色,只是隐藏在了生活的琐碎之中,只是被平淡所掩盖了,她没有发现而已。

男人和女人彼此深爱,突然有一天,男人觉得很不舒服,到医院一查,男人竟患了再生性障碍性贫血。

过去两个人总是乐呵呵的,即使有不开心,也被男人的玩笑化解了。女人唯一的抱怨就是男人没有给她写过情书,她经常半羞半恼地说:"他呀,就是嘴贫,却从来没有给我实实在在地写过一封情书,老了连一点可以回味的东西都没有。"

随着病情的恶化,男人不得不接受化疗,头发掉光了,男人笑着对女人说:"老婆,这回可以给咱家省一半的洗发水了。"女人笑了,眼角却流下泪来。她每天都去医院陪护,并始终保持微笑,回

篇二 探求篇
试探生活的深浅，追觅幸福的尺度

到家却哭得泣不成声。

终于有一天，男人一句话都没有留下，就安静地走了。

男人过世后不久，人们在报上的"征婚启事"栏目里看到这样一则信息：我以与她生活在一起的5年经历作证，我的妻子是世界上最好的妻子，是我今生的至宝。我本想一生一世地疼爱她呵护她，无奈天不遂人意，我将先她而去，谁能替我好好珍惜她照顾她，我在天堂将感激不尽！

这是男人这辈子写给女人的第一封"情书"，也是最后一封"情书"。

脆弱的生命让爱情遭受到太大的打击，但生活还是会继续，快乐和幸福也将融入那些生活琐碎之中，它们不会离你而去，也不会将你一直禁锢在痛苦回忆中，而是因为那些细枝末节的爱，给你重新生活的希望与动力。一份给生命的情书，记录爱情的伟大与无私，谱写生命的执著与坚强，在爱与被爱中演绎着美好生活的电影，那一个个镜头，都由那一串串的琐碎拼凑而来，而其中蕴含的却是一种别样的幸福，而这种幸福，也足以让你永远开心、快乐。

幸福箴言

那些被平淡所掩盖的爱和幸福，往往隐藏得很深，不用心去挖掘和感受是根本找不到的。其实，只要我们用心，用真诚去对待生活，我们就会发现，原来爱和幸福一直悄悄地守候在身边，陪伴着我们，呵护着我们，或许没有轰轰烈烈，却也平淡无奇地留守着，悄无声息地守着我们，一生一世，天荒地老，不离不弃。

给 *幸福* 一条最浅的底线

8. 学会填充，心灵就不会闹洪荒

说到洪荒，或许我们第一反应就是自然灾害，其实，人的心灵也会闹洪荒。心灵的洪荒是无影无形的，正因为无影无形，才更让人们手足无措，它经常会将我们的心灵搞得千疮百孔，不仅冲走心灵中一切美好的东西，让心灵变得空虚，而且残留下来的废墟，也阻止新的快乐和幸福的灌入，让我们原本美好的人生变得一团糟。应该如何避免心灵闹洪荒呢？只要我们学会填充，每天让心灵呼吸新鲜的空气，向内填充一些美好快乐的东西，那么我们的心灵就会变得充实，洪荒也就无从闹起了。

生活中，我们要经常面对一些痛苦和烦恼，从小的方面而言，比如，考试不及格、被扣薪水、闯红灯被罚款、不小心摔跤、钱包被人偷，等等，从大的方面而言，诸如，痛失所爱、失恋、得了不治之症、失业、朋友背叛，等等。诸如此类的烦恼和痛苦汇聚起来，形成一股冲力，让原本充实的心灵闹起洪荒，让那些构建在心灵的美好建筑瞬间摧毁，整个心灵变得空洞而空虚，生活中到处充斥着痛苦和悲哀，似乎到了世界末日、地球毁灭的境地。

要想阻止洪荒的发生，就要在平时学会不断地填充心灵，每当有烦恼或者痛苦注入心灵的时候，就要学会找一个快乐，或者幸福去填补进去。长此以往，注入我们心灵的更多的是幸福快乐，那些烦恼和痛苦也掀不起什么大风大浪，而心灵的洪荒也会变成一个

篇二 探求篇
试探生活的深浅，追觅幸福的尺度

传说。

有一个满头白发，满脸都是皱纹的老人在河边钓鱼。在他的周围，连鱼的影儿也找不到，但老人却一直等啊等啊，而鱼竿一点动静也没有。这时，我就在想："老人坐在河边钓了这么久，为什么还没有一条鱼上钩，是不是这河里没有鱼呢？"突然，在河对面的一个年轻人钓了一条又肥又大的鱼。原来，那个年轻人在钓鱼前先把鱼食撒在河里，才开始钓鱼。"多么聪明的年轻人。"我不禁这样想。而老人那边呢，鱼竿还是一动不动。

天快黑了，老人正收拾用具，准备回家了。"老天为什么这么不公平，老人在这里钓了半天的鱼，却一点收获也没有。但是，老人为什么不先把鱼食撒在河里，再开始钓鱼呢，是不是老人太笨了？"我为老人感到不值。老人动身回家了，他一边走一边笑着。这时，我愣住了："为什么，老人没钓到鱼，却还能笑得出来？"原来，老人并不是为了钓鱼而钓鱼，他要的是钓鱼的这段过程，要的是过程的那种期待，要的是那种满足。因此，他现在非常快乐。

对生活现状的满足，可以让一个人心生快乐和幸福，每一份幸福和快乐，会取代一个个的烦恼和痛苦，会抵消那些隐藏在我们身边的不好分子，会让我们的心灵满载而归，避免陷入痛苦空虚的境地。其实，很多时候，换一种心态，换一种方式，学会不断地给心灵填充快乐因子，快乐就会多一点，人生也会幸福一点。

人之所以不快乐，有时候往往是因为人心太贪，贪婪让人的欲望无限放大。被放大的欲望，会吞噬掉所有的快乐和希望，让烦恼和痛苦肆意张狂，而人生也将变成一个偌大空洞的无底深渊，里面藏着洪水，伺机而动，一旦无数的烦恼和痛苦将快乐和希望淹没，

给幸福一条最浅的底线

心灵的洪荒将一发不可收拾。

一个大花园里有一间小屋子，屋子里住着一个盲人，虽然他的眼睛看不见，却把花园侍弄得非常好。

一个过路人非常惊奇地观赏着这漂亮的花园，不解地问盲人："你这样做为的是什么？你根本就看不见这些美丽的花呀！"

盲人笑了，他说："我可以告诉你4个理由：第一，我喜欢园艺工作，第二，我可以抚摸我的花，第三，我可以闻到它们的香味，至于第四个理由，则是因为你！"

"我？但是，你本来不认识我啊！"路人说。

"是的，我不认识你，但是我知道有一些像你一样的人，会在某个时间从这儿经过，这些人会因为看到我美丽的花园而心情愉快，而我也因此能有机会和你在这儿谈这件事。"

这是一个多么美妙的回答啊！

按照心灵的指引，路人微笑地做了，让双手生出眸子，他温柔地看了，感谢风送来花的清香，他陶醉地闻了，庆幸有他这样的陌生人路过，他娓娓地说了。他除了没有带来自己的目光，其余一切都齐备了。

真的，一颗浮躁的心往往就是一个黑洞，它不仅可以吞噬一个又一个的美丽花园，而且能让一个又一个的心灵闹起洪荒。因此，每天记得给自己一个好的心情、好的心态，不要给自己的心灵找空虚和空洞的任何理由，及时摒弃那些疯长在心灵的杂念，让心灵填充满满的幸福和快乐，那么，我们的生活，就会到处洋溢着幸福和快乐。

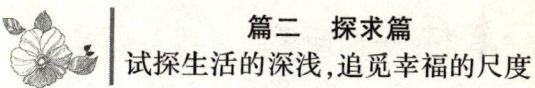

篇二 探求篇
试探生活的深浅，追觅幸福的尺度

幸福箴言

　　心灵被快乐和幸福所充盈着，那么，又何愁生活中没有欢声笑语呢？心灵充实了，生活就会有很多的乐趣，也会有更多的希望和憧憬，我们也不会太过在意生活之中的得失功利，也不会一味地怨叹命运的不公，嫉妒别人过得比自己好，也不会因为空虚的心灵而胡乱地找寻寄托，生活只会朝着更加阳光的地方发展，而人生的每一站，都将驻足着幸福和快乐。

第五章　收放自如，心灵杂草岂会疯长

面对纷繁复杂的世界，大多数人穷尽一生都在寻觅幸福的尺度，并为此坚持不懈。到底什么才是真正的幸福呢？其实人生在世，之所以劳苦奔波，很大程度上都是对快乐和幸福的追求，也有对理想和使命的执著，但不管如何，都是在寻找自己内心最本真的感受，是在找寻一种心安理得的理由。许多人为了寻找这个理由，不惜千山万水走遍，却始终找不到它的踪影。其实，要找到有时候也很简单，只要我们拥有一颗知足的心，有一种敞开心扉、拥抱生活的勇气，有一份为之永不言弃的梦想，懂得快乐，善于快乐，幸福之神就会悄然眷顾。

1. 放开，是爱的另一种诠释

面对生活中的得得失失，大多数人总是无法释怀，好多东西，拿起来容易，放下却很难，抓住也容易，但到手的东西放开却很难。其实，更多的时候，是因为我们无法跨过心灵那道坎，无法放

篇二 探求篇
试探生活的深浅，追觅幸福的尺度

开是因为无法看开；无法想开，往往是因为我们心里的贪念和执著。而有时候，试着放开，或许我们会得到更多，试着放开，或许也是对爱的另一种诠释。

人往往会怨叹生活如何让自己负重，生活中有太多的烦恼和不如意，其实更多的时候，羁绊我们心灵的不是外物，而是我们自己的心，只可惜我们时常无法洞悉，以至于陷在种种烦恼和痛苦的泥沼中苦苦挣扎。最可怕的是，这些内心无形的桎梏隐藏着极大的杀伤力，并且会逐渐腐蚀我们的心灵，磨损志气，等到生活变得一团糟时，还往往找不到原因。

看到喜欢的东西就想得到，抓在手里的东西就不愿意松手，这或许是大多数人都经常做的事情。有时候，我们紧紧抓住是因为爱，将一些东西或者人拦在身边也是因为爱。似乎"放开"这个词在我们生活中虽然经常出现，但真正做得到的人却未必很多。父母疼爱儿女，总想将他们留在身边，却不知道，儿女大了，都有属于自己的梦想和追求。情人之间，谁不希望朝朝暮暮、天长地久，然而，有时候，当爱成为一种负累，就应在适当的时候放开，对己对人都是一种解脱，也是一种爱的表现。

懂得无常，就会舍得；能够舍得，才不会被物欲驱使，进而能够抛开得失，看清一切，悟得生命快乐的泉源。其实，人生浮沉间，值得选择的东西太多，值得珍惜的东西也太多，但不论怎么样，该放弃的时候要学会放弃，该放开的时候也应该懂得松开手，这样，人生才能变得坦然，心也会变得豁达，生活中也会多一份快乐少一点纠结。

有时候，人无法放开过去的事情，比如悔恨、仇恨、痛苦，等

给*幸福*一条最浅的底线

等，就是因为无法放开，所以才会活得不开心。我们无法原谅曾经伤害过我们的人，那道伤痕永远横在我们心中，以致今天我们生活得依旧痛苦；我们无法忘记以往的悲痛，以至于面对此刻的快乐幸福而无法开怀；我们无法放下曾经那段不成熟的恋情，甚至在爱情没了的时候仍旧耿耿于怀，让自己永远活在阴影之中。

小林和元军是大学同学，大学期间，他们相识、相知、相爱，他们之间浪漫的爱情故事羡煞了许多人。在好多人眼中，他们不仅郎才女貌，情投意合，而且根本就是天造地设的一对，而他们对自己的爱情，也有着美好的憧憬。

然而，毕业之后，小林按照自己的愿望回了老家当了一名乡村教师，而元军却执意留在城市打拼，他们挥手分别的那一刻，两个人心里都很难受，发誓谁也不会轻言放弃爱情，但谁也不会因为爱情而放弃自己的事业。

就这样，他们分居两地，电话成了他们之间联系的唯一工具，他们时常通过这一手段互诉衷肠。虽然开始时彼此之间的爱情仍旧弥笃，但时隔三五年后，他们都觉得这样的日子早已成为一种负累，他们慢慢地感觉不到爱情的美好，而彼此的生活也因此变得不再快乐，更多的是纠结和无奈。但是，谁也没有轻易提出分手，而谁也没有尝试着退一步回到对方的身边。

时间越久，他们之间的那种纠结越深，最终，这段感情维系了5年后，他们都感觉到太累了，再也无法承受异地恋带来的伤害，而分手，将是必然结果。然而，分手之后，小林和元军却无法走出这段感情的阴影，也无法接受新的感情，就这样，他们一拖再拖，错过了好多时间，美好年华因此付之东流，而最终，熬成了大龄青

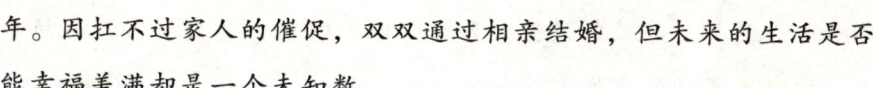

篇二 探求篇
试探生活的深浅，追觅幸福的尺度

年。因扛不过家人的催促，双双通过相亲结婚，但未来的生活是否能幸福美满却是一个未知数。

生活中，年岁越久，束缚我们的东西就越多，那些架在心灵上的负荷，就像一个个死结，越结越深，以致牵绊我们的人生。要学会为自己解开绳结，给心灵自由，不要因为一些执念而不愿意放弃、不愿意放开。因此，只有解开隐藏着的桎梏与绳结，我们才能获得真正的自由，勇往直前，迈向光明之途。然而，那些绳索是自己在不经意间长年累月缠绑上去的，必须细心才能解开，旁人只能告诉你绳索的位置，而真正能解开的只有你自己。

幸福箴言

生活中，有些东西需要及时地放手，才能腾出空间接受新的东西。懂得及时放开，也是对人生的一种善待，也是对自己的一种善待，而懂得在适当的时候放开，更是一种对爱的诠释。有时候，放开，会让我们得到更多，也会让我们获得更多的快乐和幸福，而心灵，也会因为放开而更加开阔，更加坦然。

2. 拥有梦想的人生没有渺小

有人说：现实是此岸，理想是彼岸，中间隔着湍急的河流，行动则是架在河上的桥梁。人生因有了梦想，才会有前进的方向和动力，不至于成天像无头的苍蝇一般横冲直撞。然而，梦想的实现，

给幸福一条最浅的底线

却是一个漫长而痛苦的过程，只有坚持不懈地去努力追求，梦想才会为你带来成功的喜悦。

传说人降生的时候，上帝给每个人都带上了一个美丽的盒子，里面装着斑斓的梦想。人生有梦想才有希望，有了梦想和希望的人生，将是最富有的，因为人生最大的财富不是堆积如山的金银珠宝，也不是华丽辉煌的宫殿，这些都只是让我们安逸的借口，只有梦想和希望，才让我们在困难中奋勇向前，在黑暗中找到黎明的曙光；在面对生活的时候更加坦然，才能在每一次的人生旅行中准确地找到方向，不至于迷失在人生的岔路口，找不到回家的路。而梦想也不论大小，只要拥有，你的人生就不会渺小，而生活也不会对你太过苛刻。

可是一生之中，有许多人只能看着那些美好的梦想，却无法打开盒子。其实上帝给了每个人一把钥匙，有的是拼搏、坚韧，有些人却不知去运用。而有一把钥匙谁都可以用它赢得梦想，那就是智慧。平凡的事物在庸人眼中，只是更为普通的东西，而一颗拼搏、坚韧的心，却能从平凡中看到梦想的曙光。

查尔斯·蒂梵尼是一个磨坊主的儿子，经过几年艰苦的奋斗，他终于开了一家自己的珠宝行。一天他在报上看到一则消息，美国铺设在大西洋底的一根越洋电缆，因为年代久远而破损，需要更换。这样一条在大多数人看来普通的新闻，在查尔斯·蒂梵尼的脑子里，仿佛划过一道亮光。

他在想，这是一个非常有商业价值的信息，很可能对他有帮助。于是他立即与有关部门联系，用尽积蓄买下这根报废的电缆。别人都笑他傻，花那么多钱却买了一件废品，而他却丝毫没有动摇

篇二 探求篇
试探生活的深浅，追觅幸福的尺度

自己的信念，在别人不解的目光中努力实现着自己的梦想。

他首先把电缆洗干净、弄直，随即裁剪成一小段一小段的，然后将这些金属块精心地加以修饰，作为纪念品出售。由于电缆来自深深的大西洋底，人们认为有很高的收藏价值，于是争相购买，他轻而易举地发了一笔财。

查尔斯并没有因此而停步，他用卖电缆纪念品赚的这笔钱买下欧仁皇后的一枚钻石。这枚钻石是稀世奇珍，光彩夺目。钻石到手后，他并没有像人们想象的那样珍藏起来，或者高价转手，而是筹备了一个首饰展示会。那些梦想一睹皇后钻石风采的人从各地蜂拥而来，使得展示会门庭若市热闹非凡。此次盛会，仅门票收入就十分可观。

一个人拥有梦想，就拥有了生活的希望，拥有梦想的人生不再渺小，然而，每一个梦想，都应该有一个切实可行的计划，只有实现了的梦想，才能载着希望让我们找到生活中幸福的港湾。故事中的查尔斯的确很幸运，但他的成功并非偶然。他拥有梦想，重要的是，他找到了适合自己的方式，并坚持不懈地努力，因此，他也找到了属于自己的人生辉煌和幸福。

但是有些人为什么同样拥有美好的梦想，却和成功以及幸福生活永远无缘呢？也许，他们所拥有的梦想里面，更多的掺杂了一些不切实际的幻想，要知道，任何虚幻的东西，都不会长久地存在，更没有办法让其变成现实，虚幻的东西往往就像是镜中花水中月，固然美好，但经不起时间的考验，也经不起打捞。

从前，有两个饥饿的人得到了一位长者的恩赐：一根鱼竿和一篓鲜活硕大的鱼。其中，一个人要了一篓鱼，另一个人要了一根鱼

给幸福一条最浅的底线

竿，于是他们分道扬镳了。得到鱼的人原地就用干柴搭起篝火煮起了鱼，他狼吞虎咽，还没有品出鲜鱼的肉香，转瞬间，连鱼带汤就被他吃了个精光，不久，他便饿死在空空的鱼篓旁。

另一个人则提着鱼竿继续忍饥挨饿，一步步艰难地向海边走去，可当他已经看到不远处那片蔚蓝色的海洋时，他浑身的最后一点力气也使完了，他也只能眼巴巴地带着无尽的遗憾撒手人间。

又有两个饥饿的人，他们同样得到了长者恩赐的一根鱼竿和一篓鱼。只是他们并没有各奔东西，而是商定共同去找寻大海，他俩每次只煮一条鱼，他们经过遥远的跋涉，来到了海边，从此，两人开始了捕鱼为生的日子。几年后，他们盖起了房子，有了各自的家庭、子女，有了自己建造的渔船，过上了幸福安康的生活。

一个只看眼前不看长远的人，即便有再美好的梦想，哪怕依靠梦想追求到了成功和幸福生活，却也是暂时的，是经不起时间考验的，而拥有梦想，又懂得放远眼光，却忽略现实眼前的人，也只能错过现实的东西，错过到手的成功和幸福，沉浸在虚幻中。他们的人生，照样和幸福无缘。而真正想要得到幸福生活，不仅要拥有一个美好的梦想，而且要摒弃所有不切实际的幻想，将现实和梦想结合起来，并努力奋斗，梦想的实现，将变得唾手可得，而并非传说和神话。

幸福箴言

一个人有了梦想，就会有希望，有希望的人生将不再寂寞，希望会让我们寻觅到快乐、成功和幸福，让我们寻觅到人生的真谛。

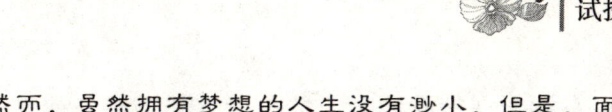

篇二 探求篇
试探生活的深浅，追觅幸福的尺度

然而，虽然拥有梦想的人生没有渺小，但是，面对梦想，我们还要付出努力，并且要抛开所有尘世的羁绊，让梦想和现实结合，才能开出幸福的花。

3. 幸福有时候只是相对论

生活中，大多时候我们所看到的所谓快乐、幸福、成功，等等，都不是绝对的，而是相对的。世界本来就是一个不断发展变化的过程，好多东西都在特定的时间和环境才呈现出一种状态，而在下一个时间和环境里，并非会一如从前。幸福也一样，它不是永恒不变的存在着，也不会永远以当前幸福的状态存在，它会随着时间和空间的转移而变化。

有人说：幸福有时候只是相对论。就像我们小时候所谓的幸福，往往是得到一个梦寐以求的玩具，或者是父母一句夸赞，或者学校课堂上，老师的一句表扬。然而，随着时间的流逝，那种童年的幸福再也无法让我们心怀感动，或许，长大之后，幸福对于我们而言，变得有点复杂起来，甚至奢侈起来。

对于幸福的诠释，每一个人都有自己不同的理解，幸福会呈现出多种姿态，也会以无数的面孔出现，那么，到底什么才是真正的幸福呢？也许，有人会说，幸福就是一种内心真实的满足感、安全感、快乐感，幸福会让我们笑着流泪，幸福也会让我们流泪而笑着，幸福就是寒冷时的一个热水袋，抱在怀里，就会感觉到世界很

给幸福一条最浅的底线

美好，人也很温暖；幸福或许是看到梦中情人迷人的微笑，或许是获得一份薪水不错的工作，或者是能得到社会的认可和人们赞许的目光；幸福就是饥饿时的一块面包，吃饱的那一刻，感觉很幸福；幸福就是漫漫长夜里手捧的那本书，陪伴着我们度过一个个难眠的夜晚；幸福是爱人的拥抱，当我们感到伤心痛苦的时候，那一个拥抱会让我们重拾对生活的希望；幸福就是一句祝福、一声问候、一个微笑……

肖红一直没有一件像样的首饰。耳洞早已打好，却只是穿一根红的丝线，轻轻柔柔的，没有质感和光泽。有时她想得烦了，抽掉丝线，任耳垂上留下两个空空圆圆的洞。等时间长了，再取一根针，拿酒精擦了，野蛮且粗暴地阻止那个小洞的长合。每当这个时候，她觉得最幸福的事情，莫过于让她拥有一套精美的首饰。而每次这时，丈夫就在旁边坐着，眼的余光注视着她。他的表情，尴尬且自责。

她不是那种虚荣和浪漫的女人。可是当她回了娘家，母亲会长时间盯着她耳朵上的那根红丝线，忧伤的眼睛说明了一切。母亲一生没有佩戴过任何首饰，但她希望女儿生活不要太苦。可是她却满足不了自己的母亲。

丈夫一直在那个啤酒厂的仓库扛包，扛了十几年。他也有母亲，一位身患类风湿性心脏病的母亲。每个月，他都给母亲寄去一点钱。剩下的，他和她，精打细算，仅仅能够吃饱肚子。

近来丈夫的身体明显不好，吃不下饭，恶心，睡不踏实。她说别去上班了，休息几天吧。男人说这哪行？还是得去。

晚上回家，丈夫叫来她，在她面前伸开手，手心里放着两只金

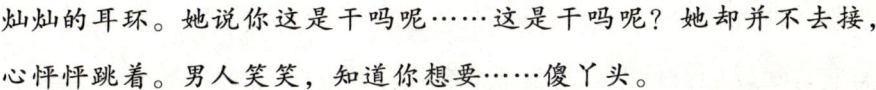
篇二 探求篇
试探生活的深浅，追觅幸福的尺度

灿灿的耳环。她说你这是干吗呢……这是干吗呢？她却并不去接，心怦怦跳着。男人笑笑，知道你想要……傻丫头。

耳环戴上了，轻飘飘的，感觉和丝线差不多的质量。那一刻，她感觉到前所未有的幸福包裹着她，她开心极了。她问丈夫哪来的钱，丈夫说攒的……私房钱。她当然不信，偷偷去丈夫的工厂。那天她是哭着回来的。

丈夫卖了半年的血，又用了半年等待黄金降价。后来，他不能卖血了，他染上了肝炎。肖红盯着丈夫有些蜡黄的脸，不说话，只顾哭。丈夫拥着她，戴上吧……傻丫头。回娘家时，母亲问，你戴的是金子吗？她说是，然后露一点点给母亲看。母亲就笑了，缺了牙齿的嘴，笑成幸福的月牙儿。

肖红只戴了十几天，就把它包好，锁进了抽屉。丈夫问怎么不戴了？她说不用了，自己拥有世界上最美的首饰，这足够了。此刻，她内心依旧涌动着幸福的潮流，但是，这种幸福却无关首饰。

故事中的肖红，她最大的幸福就是拥有一套首饰，当有一天，丈夫将首饰摆在她面前的时候，她感觉到了莫大的幸福。相信，那一刻，她的幸福感觉是真切的，是发自内心的。然而，当她得知，她幸福的代价是丈夫卖血换来的之后，她的幸福却不再纯粹是那一闪一闪发光的耳环，而是拥有一个爱自己的丈夫，拥有一份真挚的爱。

幸福就是这样，它会随着我们的心境而改变，它会在时间的长河里不断地变身，让我们时时刻刻都能拥有幸福。也许，生命中，那些为了爱什么都愿意付出的人，会感动生活中的清贫与琐碎，同时深深地埋根在心底，开放出一朵灿烂的幸福花，任何的打击、不

给 幸福 一条最浅的底线

幸都不能摧毁它。因为它是爱的结晶，它才是长长久久的幸福，拥有它，足以让我们的生活充满希望与乐趣。

幸福箴言

幸福在每个人的意识中是不尽相同的，有的人将其定义为一种奢侈的物质享受；有的人却认为心灵的满足才是真正的幸福；而有的人却认为幸福是相对的，以前有以前的幸福，未来又有未来的幸福，贫穷时幸福是这般样子，富贵后幸福又会换个模样，总之，幸福的味道是不会变的，满足中带着甜蜜，这才是幸福的真正味道。只要我们永不言弃，即使在纷繁中依然可以找寻到人生的真谛。

4. 给烦恼加个休止符

生命中，我们也许会因为时间流逝、青春老去而烦恼不已，甚至觉得生活中到处都是一片黑暗、一团糟，根本没有幸福和快乐可言。那些烦恼就像是一只无形的魔掌，将我们握在其中，让人难以喘息。其实，我们不妨仔细想想，我们所拥有的生命的每一个阶段，都有幸福和快乐伴随，成长的过程是美好的，期间虽然会发生种种令人不快的事情，但烦恼总有结束的时候，生活还是充满希望和梦想的。因此，给烦恼加个休止符，我们就可以获得幸福的生活。

生活中，经常能听到一些人在说："烦死了！""不要惹我，我

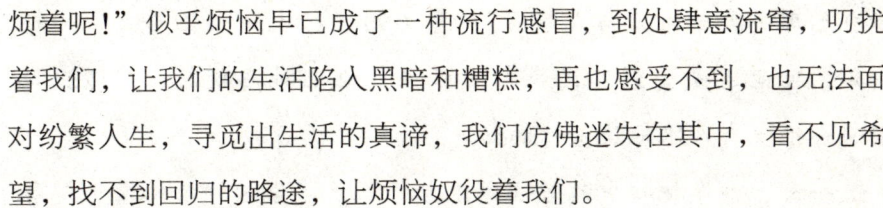

篇二 探求篇
试探生活的深浅，追觅幸福的尺度

烦着呢！"似乎烦恼早已成了一种流行感冒，到处肆意流窜，叨扰着我们，让我们的生活陷入黑暗和糟糕，再也感受不到，也无法面对纷繁人生，寻觅出生活的真谛，我们仿佛迷失在其中，看不见希望，找不到回归的路途，让烦恼奴役着我们。

被烦恼纠缠的人生，我们每天除了说烦之外，做的更多的或许是寻找机会排遣，或许是给自己找无数个放纵的理由，或许变得自暴自弃，或许对周围的人横眉冷对，或许让原本规范而美好的生活变得如一团乱麻，而我们再也无法用真诚和真心面对一切。而生命中、生活中、原本美好的一切都将黯然失色，我们再也无法准确拿捏生活的画笔，再也无法勾勒幸福的细枝末节。究竟如何才能驱逐烦恼，让生活恢复以往的平静美好呢？最简单可行的办法就是给烦恼加一个休止符，让烦恼瞬间从我们的生活中消失，而这样的前提必须要我们重新看到生活的美好，重新拥有对生活的激情，重拾对生命的信心。懂得用心感受一切，那么，加在烦恼之上的那个休止符就不会轻易脱落，人生也会得到长久的幸福和快乐。

小李师大毕业之后被分到一个小镇中学当老师。

语文组共有8个老师，小李是其中唯一的名牌院校毕业生。刚参加工作时，他颇有激情地搞了一点教学改革，校长在教工大会上表扬了几句，加上他平素喜欢舞文弄墨，偶尔在报刊上发表一两篇"豆腐块"，很自然便成了办公室里的"出头椽子"，惹来别人的嫉妒。有的当面阴阳怪气地冷嘲热讽，有的私下里散布他的种种子虚乌有的谣言，让小李烦恼而又无奈。

以前只在文学作品中看到过小知识分子的穷酸气和小肚鸡肠，这回小李算是真的领教了。尽管他在同事们面前十分谦虚，从不显

给幸福—条最浅的底线

示自己那一点点的"与众不同",努力用言行表白自己与大家一样平凡,可他还是受到了同事们的孤立,他们对他猜忌、躲避、挑剔……很少有人跟他谈知心的话。

一天,小李把心中的苦恼向谢老师倾诉。谢老师给他看一幅风景画,那上面画了许许多多几乎一般高的杨树,在画面的左上角,有一棵参天挺拔的杨树特别醒目,虽然只画了不足一半,但它那超凡脱俗的壮美却是显而易见。

"小伙子,这回你该明白,'出类拔萃'这个成语的含意了吧?嫉妒,是人之常情,但我们嫉妒的往往是略微比自己强的人,你见到谁嫉妒那些成就非凡的伟人?人们对远远超出自己的人只有敬佩。就像这株醒目的大树,别的树对它只有仰慕,只有学习和努力地追赶……"

哦,小李懂了——面对嫉妒和误解,没必要抱怨、消沉、妥协,没必要为适应别人而改变自己,更没有必要将自己陷入烦恼的泥沼。而最好的选择,就是把自己的长处发挥得更加淋漓尽致,努力争取出类拔萃,同时,给自己的烦恼加一个休止符,让它就此打住。

其实,许多烦恼都不仅仅是外因所造成的,更大程度上是因为自己内心的脆弱以及对于一些状况的太过执著而造成的,就像故事中的小李,因为自己稍有小才被同事嫉妒、疏远和误解而变得消沉,甚至让烦恼闯入自己的生活,打破原本快乐的一切。而最后,当他明白其实没有必要为此烦恼的道理之后,明智地给自己的烦恼加了一个休止符,他的烦恼人生就此打住,而他快乐幸福的生活也必将拉开帷幕。

篇二　探求篇
试探生活的深浅,追觅幸福的尺度

有时候,面对那些生活中细碎的烦恼,我们要懂得给它加个休止符,不要让烦恼继续蔓延在我们的生活中,因为在它们隐退的同时,快乐和幸福必然会悄然而来。给烦恼加一个休止符,让我们摒弃生活中的种种不如意,用一种豁达、快乐的心境去拥抱生活的每一天,也许,纷繁人生中,快乐和幸福就在那灯火阑珊处。

幸福箴言

生活注注在恩赐我们快乐幸福的时候让烦恼相随而来,烦恼有时候就像是快乐生活的破坏者,它浑身上下都藏着烦恼的种子,时不时地就会在每一方快乐的沃土上撒几粒,让原本快乐的生活蒙上一层烦恼的色彩。而每当我们发现一棵烦恼的植株,就应该及时地拔出,不要让它开花结果,给烦恼加一个永恒的休止符,那么,生活就会被快乐的色彩所渲染。而我们,也会在快乐的色彩中,寻找到人生的真谛和生命中最珍贵的东西。

5. 敞开心扉，积极拥抱生活

面对生活的种种烦恼和痛苦,有些人将自己禁锢在心灵的囚室中,不愿意去接受阳光的照耀,去呼吸新鲜的空气;更有人从此将自己的心门紧闭,只把孤独和寂寞留在其间。无法敞开心扉的人生,又如何以积极的态度去拥抱生活,用希望去敲开人生的幸福之门呢?敞开心扉,让自己的心灵接受阳光的沐浴,让生命尽情地舒

给幸福一条最浅的底线

展一下，让原本被禁锢的灵魂享受到爱的温暖，拥抱生命中的每一份快乐和幸福，我们的人生，就会在寻寻觅觅中还原最真实的色彩。

在生活中，大多数人都会遇到一些大大小小的烦心事，也会遇到一些痛苦和悲伤的事情，每当这个时候，我们经常会将烦恼和痛苦深埋在心底，将强笑挂在脸上，而不懂得与人去诉说。这样一来，那些苦恼烦闷就被囚禁在心灵深处，日日夜夜无法驱逐，日日夜夜扰得我们内心无法平静，久而久之，这些积攒起来的苦闷和痛苦，就让我们的心灵变得负重不堪，再也无法接受爱的洗礼，也无法接受阳光的照耀，而我们的人生，也会因此而错失许多美好的东西。

有人说：敞开心扉，用爱拥抱生活，生活就会更加精彩。其实更多时候，人都无法真正做到敞开心扉，每个人内心似乎都藏着或多或少的不愿意与别人分享的事情，而这些事情，往往会让我们心灵沉重不已。这些心灵的负重，让我们将自己关闭起来，无法真正享受生活的快乐，也无法拥抱生活中的幸福和爱。试着敞开心扉，用爱拥抱生活，生活就会更加美好。

在一个可能是任何地方的地方，在一个可能是任何时间的时间，有一个美丽的花园，里面长满了苹果树、橘子树，梨树和玫瑰花，它们都幸福而满足地生活着。

花园里所有成员都是那么快乐，唯独一棵小橡树愁容满面。可怜的小家伙被一个问题困扰着，那就是，它不知道自己是谁。

苹果认为它不够专心："如果你真的努力了，一定会结出美味的苹果，你看多容易！"玫瑰花说："别听它的，开出玫瑰花来才更

篇二 探求篇
试探生活的深浅,追觅幸福的尺度

容易,你看多漂亮!"忧郁的小树按照它们的建议拼命努力,但它越想和别人一样,就越觉得自己失败。

一天,鸟中的智者大雕来到了花园,听说了小树的困惑后,它说:"你别担心,你的问题并不严重,地球上的许多生灵都面临着同样的问题。我来告诉你怎么办。你不要把生命浪费在去变成别人希望你成为的样子,你就是你自己,你要是了解自己,要想做到这一点,就要倾听自己内心的声音。"说完,大雕就飞走了。

小橡树自言自语道:"做我自己?了解我自己?倾听自己内心的声音?"突然,小橡树茅塞顿开,它闭上眼睛,敞开心扉,终于听到了自己内心的声音:"你永远都结不出苹果,因为你不是苹果树;你也不会每年都开花,因为你不是玫瑰。你是一棵橡树,你的命运就是要长得高大挺拔,给鸟儿们栖息,给游人们遮荫,创造美丽的环境。你有你的使命,去完成它吧。"

小橡树顿觉浑身上下充满了力量和自信,它开始为实现自己的目标而努力。很快他就长成了一棵大橡树,填满了属于自己的空间,赢得了大家的尊重。这时,花园里才真正实现了每一个生命都快乐。

故事中的小橡树之所以被烦恼包围,就是因为它将烦恼藏在心中,不愿意说给别人听,因此一直找不到解决的方法。而最终,它告诉了鸟中智者,并听了鸟中智者的话,最终释怀了,它也将心灵的包袱彻底地放了下来,从而赢得了大家的尊重,实现了属于自己的人生快乐。

生活中,烦恼往往来自我们的内心,而桎梏我们内心的往往是那些尘世的私心杂念,若想让心灵净化,关键在于洗涤掉心灵的尘

给幸福一条最浅的底线

垢,除去心灵家园的杂草。假如我们能时时刻刻保持心灵的干净,那么,就永远不会迷失在灯红酒绿、纸醉金迷的生活中之中,也不会受世俗物欲的牵绊,更不会让灵魂受污染,而生活,也会因此变得美好而快乐。

一个小男孩伤心地在路边哭个不停。一个人路过这里,便问小男孩究竟怎么了?

"我刚刚不小心丢了10元钱。"小男孩越发哭得厉害了。

那个人见他如此难过的样子,不忍心就从口袋里掏出10元钱递给了小男孩。可是小男孩接过钱后,还是一个劲儿地哭。

那人就不明白了,于是问他:"我已经给了你10元钱,你为什么还哭呢?"

小男孩回答:"如果我没有丢失那10元钱,我现在就有20元了。"

故事中的小男孩因为丢失了10元钱而痛哭流涕,路人因为同情他而送给他10元钱,可是小男孩并没有因此而止住哭声,相反,还一个劲儿地哭,其实他之所以哭,就是因为他无法在得失间找寻心理平衡,他无法摆脱金钱对他的诱惑,所以他无法拥抱快乐,也无法体会生活的真正幸福。

生活中,得得失失是常有的事,因此,要面对每一次的得失,不要因此而让烦恼钻了空,纠缠上我们。要知道,人生有许多美好而可贵的东西,有些东西根本是我们无法得到的,我们又何必去强求而自寻烦恼呢?我们每天都要面对生活,这是每个活着的人都无法逃避的,因此,要学会每天都快乐地生活,每天试着将自己内心的烦恼、痛苦都清除掉,那么,烦恼就会少很多,快乐就会常伴左右，有快乐相伴的人生，就会有更多的幸福。那么，还不赶紧试着敞开心扉，用爱拥抱生活？

※ 幸福箴言 ※

纷繁人生中，究竟如何才能追寻到人生的真谛呢？让我们试着敞开心扉，用爱拥抱生活，生活也会馈赠给我们更多美好的东西，而那些美好的、发自内心的真实心声，也是一种别样的幸福。面对生活的种种馈赠，我们不应该将它们拒之门外，而是应该打开我们紧闭的心门，用一颗纯净的心来迎接每一天，用爱拥抱每一天。

6. 微笑是蒙着面纱的幸福

微笑，看似很简单的动作，犹如蓓蕾初绽，善良和真诚将在微笑中荡漾着感人肺腑的芳香。而微笑之中，却蕴藏着丰富的内涵。它将激发你的想象，启迪你的智慧。而微笑，在顺境中是对成功的嘉奖，在逆境中是对创伤的理疗。微笑不仅是一种人生态度，一种对生命、对生活、对自己的爱，也是一种蒙着面纱的幸福，当我们轻轻撩开面纱，幸福就会如花般绽放在我们心田。

微笑往往也不仅仅是一种面部表情，有时候也会通过其他方式传达。面对生活的种种烦恼和痛苦时，我们总是喜欢用一块面纱将微笑遮掩起来，看不清它的真实面孔。当我们面对别人的伤害、嘲讽、鄙视，等等，用笑容去化解，就少了许多伤害、误解和仇恨，

给幸福一条最浅的底线

同样，许多问题也会变得简单而易于解决。微笑有时候就像一缕春风，能吹散生活中的种种阴霾，拂去蒙在微笑脸上的面纱，让微笑绽放幸福的欢颜；微笑就像是百花的芬芳，花香弥笃，闻一下都会让人沉醉，还有什么恩怨仇恨无法化解呢？而有微笑的人生，也会多了很多幸福和快乐。没有微笑的生活，就像是一片死寂的潭水，毫无生机；没有微笑的生活，就像是没有加入盐的饭菜毫无滋味，尽管生活带给我们太多苦闷和悲痛，而微笑却是那疗伤的一剂良药。不论任何伤害和痛苦，面对微笑，都会变得微不足道，痛苦也不会很痛，烦恼也会烟消云散。

奇宾·当斯是美国底特律最受欢迎的电台节目主持人之一。他的节目收听率极高，他的听众不仅遍布底特律地区，而且遍及全美国。当问到人们为何喜欢收听他的节目时，有的听众说，他的声音带着微笑；也有听众说，他们透过他的声音看到了他的微笑。曾有听众要求见见当斯，想目睹他的微笑。结果，这位听众如愿以偿了。当他看到声音、面部微笑如一的当斯时，兴奋地说："当斯，你的微笑和我们听到你的广播时所想象的一模一样。"当斯称，这份发自内心的、穿透声音的微笑让他收获了意想不到的快乐。

珍妮是个普通的美国女孩，既无背景，也无技术专长。美国联合航空公司招聘员工，珍妮带着她的微笑走进了面试间。面试开始了，主考官却是背对着珍妮说话的。珍妮有几分不解，但她还是自信、愉快地回答了所有提问。最后，主考官转过身来，对她解释道，因为她的工作将是通过电话来完成有关预约、取消、更换或确定飞机航班的事宜，他背对着她，并非无视她的存在，而是在体会、感觉她的声音里是否加进了微笑。答案是肯定的，珍妮被录取

篇二　探求篇
试探生活的深浅，追觅幸福的尺度

了。这以后，通过电话，顾客们感到珍妮的微笑一直伴随着他们。在这浸润着微笑的声音中，他们开始了愉快的旅程。

通过声音传达微笑是艺术的，但是，穿透声音的微笑并不是艺术，它是美好心灵的天然反映。

微笑是一种穿透心灵的声音，能让我们在苦难面前变得积极，通过微笑，我们可以感觉到友善、真诚，还有快乐。所以在生活中不要吝惜我们的微笑，它可以在艰难的路途中让我们感受到温暖与希望。故事中的珍妮，用声音传达了自己的微笑，让人们感受到了她的乐观、自信，以及美好的心灵，最终让人们认可了她，她也因此获得了成功。

微笑是一种对待生活的心态，是一种为人处世的哲学，更是一种超然世俗的境界。充满微笑的生活，少了份烦恼，多了份快乐，微笑，让我们看淡生活中的得失，不会为小事烦恼，更不会为那些琐碎的事情而吵吵闹闹。微笑，是一种能用豁达、善意的姿态去面对生活中的所有快与不快、悲与喜；微笑，让我们能够在变幻莫测的环境中依然保持良好的心态，在复杂的抉择中做出最明智的决定，能够以平和的心态处世，以大度的胸怀做人。

有这样一则有关人生的含泪笑话。清晨，夫妻俩刚睡醒，两人都还没有起床呢。昨天晚上睡得真是又香又甜啊。丈夫温柔地揽过妻子的手，轻轻地握住。可是，妻子却突然抽回了自己的手，严肃地说："别碰我。"

"为什么？"丈夫十分纳闷。

"因为我死了。"妻子语出惊人。

丈夫顿时哭笑不得，重新拉过妻子的手，温柔地说："亲爱的，

给幸福一条最浅的底线

你到底在说些什么胡话啊？我们不是好端端地躺着说话吗？"

"不对！"妻子一口咬定，"我肯定是死了。"

丈夫有些生气了："老婆！你没有死！到底出什么事情了，你怎么会突然冒出这种古怪的念头来了呢？"

妻子答道："因为今天我一睁眼，全身上下居然一点都不难受了。所以我肯定我已经死了。"

每一天，我们都会面对不同的问题，烦恼会像头疼脑热一样时不时地来折磨我们的身心。有时，麻烦事儿蜂拥而来，堆积成山，以致我们都有点不自信了，不相信自己会拥有神清气爽的一天。法国作家大仲马在《三个火枪手》中写道："人生是一串由无数小烦恼组成的念珠，达观的人是笑着数完这串念珠的。"的确，达观的人最懂得微笑的意义，微笑，让原本苦难的生活充满希望与快乐，而面对纷繁世界，也会因为微笑而找寻到人生的真谛，也会拥抱幸福。

幸福箴言

人生就是在不断的波折中前进着，这一刻你为烦恼沮丧，下一刻我们又为欢乐微笑，达观的人永远看到生活对着你微笑，而悲观的人只能看到生活的阴暗。相信生活会带给你无数的惊喜，自信生活有你更为精彩，从今天起做一个乐观、积极向上的人，请解开蒙在微笑脸上的面纱，让幸福沐浴阳光，让我们用心去拥抱生活，你就会发现，原来自己一直都很幸福。

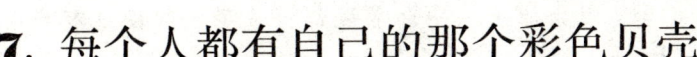
篇二 探求篇
试探生活的深浅,追觅幸福的尺度

7. 每个人都有自己的那个彩色贝壳

每个人都有一个属于自己的彩色贝壳,每个贝壳里都有自己美丽的梦想。这个梦想中饱含着人们对幸福和快乐的追求。不要因为生活的苦难、困难和烦恼而放弃对幸福生活的追求和希望,尝试着去寻找那个属于自己的彩色贝壳,或许,它会带给我们别样的惊喜和幸福。

有人说:每个人都有属于自己的一个星座,也会找到属于自己的那个彩色贝壳。生活时常会带给我们意想不到的悲痛和灾难,面对种种悲痛和灾难,我们要坦然,不能被吓倒,更不能因此而丧失对幸福和希望的追求,更不要自暴自弃,从此对自己失去信心。要相信,生活不会每天都阴雨绵绵,总会有雨过天晴的那一天,也要相信,尽管有时上天给予我们太多的悲痛,让我们丧失了许多东西,但我们每个人,都有自己的那个彩色贝壳,也总能通过我们的努力而找到它。

人在任何时候都不能放弃对美好生活以及幸福的追求,也不能丧失对自己的自信,要相信生活是公平的,只要我们付出了,总会有回报。同样,要相信,属于我们自己的那个彩色贝壳,或许就藏在生命中最不经意的角落,它就像一个顽皮的孩童,正在和我们捉迷藏,只要我们拥有足够的耐心和自信,就会找到它,就会拥抱幸福和快乐。

给 幸福 一条最浅的底线

在灾难来临的前一天，前一个小时，前一分钟，多少人或者安然地在街头散步，或者悠闲地谈笑风生，或者老老少少怡然地享受天伦。可是，因为地震，一切常规都打破了，即便没有亲身经历这场灾难的人们也能够想象灾难带给人们的惊惶失措和心惊肉跳，那是对于灾难的正常反应。

有3个农民，在地震来临时，他们正在羊圈旁的窑洞里守卫着羊群。当地动山摇的那一刻，他们在发出惊叫之后，离门口最近的那个农民最先向外面逃窜，然后是第二个，然后是第三个。但是，当第二个农民被轰然倒塌的土墙压倒时，第三个农民也没能跑出去，而是连同厚厚的土都压在了前面农民的身上。

最后的那个农民是幸运的，靠稀薄的仅有的一点空气他得到了短暂的生命，但是，那点空气显然不够他维持生命，他在死亡的边缘挣扎。这时，有一种坚强的信念一直支撑着他，那就是他以为第一个农民一定成功地逃生了，并且，他会很快喊来救援人员。

他奋力地挣扎，奋力地用手刨着土，以尽可能获得生还的机会，就这样，一直过了十几个钟头，就在他奄奄一息时，他听到了救援的脚步和嘈杂的声音，这时的他已经没有喊叫的力气。

他终于被人们用手挖了出来，他被挖出来的那一刻，便彻底失去了知觉。但他终于成功地活了下来。

医生说，在那样稀薄的空气中，能够存活半个小时就已经是奇迹了。

人们问起他时，他说，他真的以为第一个农民已经逃生了，他相信逃生的农民一定会来救他。而实际上，第一个和第二个农民都没有跑出去就死了。

篇二 探求篇
试探生活的深浅，追觅幸福的尺度

生命的精彩往往不在于身体的健康与否，而在于心灵的强大与否，在于是否有足够的信心和耐心面对生命的馈赠，或许我们因为身体上残疾而被别人歧视，但只要我们的心灵是健全的，那么我们就是一个健全的人。而那些自认为身体健全却无所事事的人，即使他们拥有健全的身体，但他们不一定幸福。因此，面对生活的苦难，千万不要失去自信，一定要相信，自己一定能找寻到生命的那个彩色贝壳，一定会拥抱幸福和快乐，一定要相信，幸福和快乐一定属于自己。

刚考入大学那阵，班里有很多同学内心不平衡。不少男生沉迷于网络的虚拟世界，聊天、打游戏。

一个月后，辅导员在班会上说，从下个星期起，点名3次没到的学生期末不会有任何成绩。这意味着除了要交一笔可观的重修费用之外，还可能被勒令退学。

有人冷笑道，上这样的垃圾学校，就是认真听课又怎样。很多人在底下议论纷纷，附和声一片。

许久许久，当所有的议论声平息了以后，辅导员心平气和地看着大家说："世界是公平的，只有垃圾才会进垃圾桶。"

到了下星期，没有一个任课老师用过点名册。整个教室里一直座无虚席。

这世界没有谁真正想做垃圾。

任何时候都不要轻视自己所处的环境，在任何地方都有锻炼我们才能的机会，存在即是真理。因此，面对别人的轻视，我们不能失去自信，要用一颗积极向上的心去面对一切，只有拥有积极的心态，才能找寻到属于的自己的幸福和快乐。

给**幸福**一条最浅的底线

　　人生本来就是在不断的平凡中追求着不平凡的创造。那些真正相信自己,并且坚持为自己的人生努力奋斗的人,最终会成为命运的宠儿,在自己的人生中出彩。生活本来就平凡,我们要做的就是让自己活得精彩,活得有意义,更要相信,每个人都有自己的那颗彩色贝壳,同样,每个人都能找寻到自己的快乐和幸福。

<幸福箴言>

　　很多时候,其实正是那份对生命的希望和自信,促使我们在面对一切艰难险阻的时候依然能够充满自信地支撑下去,为生命找另一个出口,为生活找到属于自己的那个彩色贝壳。任何时候都不要轻易放弃自己,要相信自己远比想象中的还要坚强,这就是对生活的自信。同样的道理,在生活、工作中不要被一时的失败打垮,一直努力下去,定会有收获。记得永远对生活充满希望,只要有希望,就会有自信和耐心去找寻生活中的幸福,也会得到幸福之神的眷顾。

8. 心灵也需要我们谨慎保养

　　生命贵在不断地沉淀,如果我们一直拼命地摇晃生命之水,那么永远将是一片浑浊,可能会让我们迷失所有。而心灵,也贵在保养,懂得时刻谨慎保养心灵,才能在面对痛苦的时候记得起幸福,即使是点滴,也能给我们燃起希望之火。如果我们一直在心里抱

篇二 探求篇
试探生活的深浅，追觅幸福的尺度

怨，别人的痛苦总是比自己少，别人的幸福总是比自己多，那么就永远都不会觉得幸福，因为这样的我们只能是贪婪的奴隶，怎有幸福可言。扫去心灵的尘埃，谨慎保养心灵，让我们的心灵变得纯净透明，且永葆青春。

说起保养，或许我们想的更多的是诸如皮肤、身体之类的东西，随着时间的流逝，我们每一个人的身体、皮肤都会随之失去原有的光泽和活力，变得犹如年龄一般渐渐老去。为此，有些人就懂得如何去保养，而有些人却任其自然发展，当然，懂得保养的人，看起来不仅年轻，而且更具活力。同样，他们也会因此而多了一份自信和快乐；而不懂得保养的人，面对自然衰老只能怨叹，而生活也许因此会失去一份色彩。其实，不仅是身体、皮肤需要保养，我们的心灵也需要谨慎保养。

随着年岁的增长，我们的心灵也会被大大小小、各种各样的东西所侵蚀，心灵就会变得伤痕累累，负重不堪，而生活，也因此而变得失去原本的色彩，变得黯然无色。幸福和快乐就犹如海市蜃楼，只遥远地出现在我们面前，却是我们所永远无法走进和感受到的，心就像一个巨大的垃圾场，堆满了各种垃圾，再也找不到一片净土。因此，心灵需要时不时地做一次保养，以抚平那些伤痕。

生活中，有些人心里总是装满各种各样的烦恼、痛苦，那些东西将我们的心灵填充得满满的，再也看不见生活的美好，再也装不进其他的东西，而这样的人生，注定和幸福无缘，他们只会一生都生活在黑暗中，灵魂也会浸泡在苦水中。相反，有些人，每天都被快乐和幸福包围着，他们的人生，尽管看似平凡，没有无尽的财富，也没有显赫的身世地位，更没有光鲜亮丽的生活，但是，在他们脸上却找不到痛苦的影子，他们过得很充实、很知足。究竟是什么让他们活得如此惬意呢？

其实，这样的人，大多数都有一颗年轻的心，有一个清澈透明的灵魂，面对生活中的匆忙和浮躁，他们能找寻到那片刻的沉静。尽管生活看似一片浑浊，但是他们却懂得沉淀，他们懂得将痛苦和烦恼通过沉淀之后从生活中分离出来，他们更懂得时刻保养自己的心灵，让自己的灵魂免受尘埃的污染。

麦克失业后，心情糟透了，他找到了镇上的牧师。牧师听完了麦克的诉说，把他带进一个古旧的小屋，屋子里一张桌上放着一杯水。牧师微笑着说："你看这只杯子，它已经放在这儿很久了，几乎每天都有灰尘落在里面，但它依然澄清透明。你知道是为什么吗？"

麦克认真思索后，说："灰尘都沉淀到杯子底下了。"牧师赞同地点点头："年轻人，生活中烦心的事很多，就如掉在水中的灰尘，但是我们可以让它沉淀到水底，让水保持清澈透明，使自己心情好些。如果你不断地振荡，不多的灰尘就会使整杯水都浑浊一片，更令人烦心，影响人们的判断和情绪。"

故事中的麦克，因为失业而烦恼，然而，是牧师的话让他对人生有了更深刻的领悟。的确，生活中的烦恼太多，如果能把烦恼当成是落在杯中的灰尘，那么，只有沉淀才能让原本浑浊的水变得清澈透明，生活又何尝不是这样呢？俗话说：举杯消愁愁更愁，抽刀断水水更流。面对烦恼、痛苦，只有懂得不断放弃，心灵才不会满载痛苦和烦恼，生活中，也会多一份快乐和幸福。

我们要学会沉淀生活中的各种痛苦和烦恼，只要我们能够静下

篇二 探求篇
试探生活的深浅，追觅幸福的尺度

心来，让痛苦和烦恼沉淀在我们心底，不管它们能不能消失，都只让它们占有我们心灵的一片小空间，那大部分的空间就会被快乐和幸福所填充，那么，我们的心灵也会更加年轻和健康，而生活的大部分，也会被幸福和快乐所充实。

3年以来，小麦全心全意地爱着女友，然而，最终的结果却是女友背叛了他，跟了一个比他有钱的人私奔了。小麦伤心欲绝，自此之后就变得郁郁寡欢，成天除了抽烟就是借酒浇愁，他觉得生活再也没有以前那么充满希望了，女友的离开，将他的心掏得空空的。

渐渐地，他开始逃避生活，觉得生活中到处都是烦恼和痛苦，他再也感受不到这个世界上还有快乐和幸福存在。他每天将自己囚禁在自己的卧室，饭也不想吃，也不想出去透透气，父母为此操碎了心，说了许多安慰话，但他总是无法迈过心里的那道坎。他因为女友的背叛变得极为敏感，总觉得周围的人都是骗子，而且他性格大变，动不动就暴跳如雷。一年后，因为邻居一句玩笑话，他大打出手，误伤人命，最终，他进了监狱。

小麦之所以有着悲剧的人生，就是因为他不懂得调节心情，更不懂得谨慎保养心灵，以至于让内心积攒的痛苦和烦恼控制了自己的情绪，最终酿成惨剧。其实，生活中，失恋那么点痛苦算得了什么，根本没有必要为此而将自己囚禁在痛苦的牢狱之中，小麦假如能够正确面对自己失恋带来的痛苦，及时地走出那片心灵泥沼，也不至于最后落得进监狱的下场。

生活中，我们往往在匆忙和浮躁中，拼命地摇晃我们的生活，没有片刻的沉静，使我们的生活变得一片浑浊，使所有的幸福都掺

给**幸福**一条最浅的底线

杂了痛苦的成分。尤其是人在烦躁的时候，更容易疯狂地震荡自己，摇起满瓶的浑浊，于是我们时时感到痛苦、烦恼、焦虑，这不是因为痛苦多于幸福，而是我们用不恰当的方式，让痛苦像脱缰的野马，随意奔跑在我们生活的每一个角落。

幸福箴言

生活中，试着把那些烦心的事当作每天必落的灰尘，慢慢地、静静地让它们沉淀下来，用宽广的胸怀容纳它们，用宽阔的胸怀接纳它们，我们的灵魂就会变得更加纯净，我们的心胸就会变得更加豁达，心灵也会因此而得到谨慎保养，而我们的人生也会更加快乐和幸福。

第六章 恬静淡然，自然中体会人生真谛

恬静、淡然是一种心境，是一种对生活的坦然、对生命的珍惜。它就像是天空中悠然飘荡的一片云，轻松惬意、无牵无挂；是藏于大海深处的一块礁石，虽经历海水冲刷却宠辱不惊；也是悠闲开在山野的一朵小花，无妖艳之感却尽收天地之气；是人生的一条尘路，哪怕风尘仆仆，只要我心澄亮，依然勇往直前……生活中，真正做到恬静淡然的人，才能在自然中体会到人生的真谛，也会在茫茫人海中追觅到幸福。

1. 让爱变成一种习惯

每个人几乎都渴望被爱，因为被人爱着是一种幸福的拥有，拥有爱的人生，不再孤单、不再失落，爱可以给我们温暖、鼓励、信心和笑对一切的勇气。然而，有人却往往在获得爱的同时，忘记了也应该将自己的爱给予别人，或许别人也和你一样，有一颗期待、渴盼爱的心。爱是相互的，是彼此无私而真挚的付出，来不得半点

给 幸福 一条最浅的底线

勉强和虚伪，唯有真心付出，才会得到同等的回报。因此，让我们每个人都付出一点点爱，让爱变成一种习惯，那么这个世界必将到处充满爱！

生活中，每个人都有很多习惯，早睡早起是一种习惯，勤俭节约是一种习惯，睡前看一会儿书是一种习惯，饭前饭后洗手也是一种习惯……有太多太多的习惯伴随着我们每一天，而这些习惯都会影响着我们的生活，好的习惯给我们带来方便，坏的习惯让我们的生活变得糟糕，因此，我们要学会改掉坏的习惯，也要学会培养好的习惯。因为好的习惯会让我们的生活变得更加美好，也会让我们面对繁忙的生活更加坦然和轻松。

大家都明白，我们的生命中，尽管值得拥有的有很多，但千万不能缺少爱，因为爱可以给我们温暖、鼓励、信心和笑对一切的勇气，爱让我们充满欢笑，倍感幸福。因此，每个人都不能缺少爱，既然如此，何不试着让爱变成一种习惯，让我们每天都拥有爱，每天都付出爱，那么，我们的人生，就会少了许多痛苦和烦恼，多了许多快乐和幸福。

有个小村庄里有位中年邮差，他从刚满20岁起便开始每天往返50公里的路程，日复一日地将忧欢悲喜送到居民的家中。就这样20年一晃而过，人事物几番变迁，唯独从邮局到村庄的这条道路，从过去到现在，始终没有一枝半叶，触目所及，唯有飞扬的尘土罢了。

"这样荒凉的路还要走多久呢？"

他一想到必须在这无花无树充满尘土的路上，踩着脚踏车度过他的人生时，心中总是有些遗憾。

篇二 探求篇
试探生活的深浅,追觅幸福的尺度

有一天当他送完信,心事重重准备回去时,刚好经过了一家花店。对了,就是这个!他走进花店,买了一些野花的种子,并且从第二天开始,带着这些种子撒在往来的路上。就这样,经过一天,两天,一个月,两个月……他始终持续散播着野花种子。

没多久,那条他已经来回走了20年的荒凉道路两旁竟开起了许多红、黄等各色的小花;夏天开夏天的花,秋天开秋天的花,四季盛开,永不停歇。

种子和花香对村庄里的人来说,比邮差一辈子送达的任何一封邮件,更令他们开心。

在不是充满尘土而是充满花瓣的道路上吹着口哨,踩着脚踏车的邮差,不再是孤独的邮差,也不再是愁苦的邮差了。

生活中有太多的枯燥和重复,每当我们面对忙碌的生活,有太多的习惯让我们遵循着、遵守着,就像故事中的邮差,他每一天都要经过相同的路,做相同的事情。然而,尽管每天的生活都一样,但是他懂得善待生活,善待自己,也善待别人,坚持让爱变成一种习惯。最终,他让原本枯燥的生活多了一点色彩,殊不知,正是这一点点小小的改变,让他原本糟糕的心情变得快乐起来,对于生活,他也多了一份理解和乐趣,也多了一份幸福和快乐。因此,生活中,让我们试着让爱变成一种习惯,让我们的生活到处都有爱的踪影,那么,生活中就会少了许多烦恼和痛苦,而觅得幸福和快乐的人生,又何愁找不到人生的真谛呢?

多克是一个信差,他始终坚信自己的使命就是向人们传递快乐、幸福和爱,因此,他的口袋里总是装着许多小纸条,上面写着一些鼓励或者祝福的话。他将信件和电报送到人们手中的同时,也

给幸福一条最浅的底线

留给他们一张小纸条，告诉他们"今天是美好的一天""要笑口常开""别再烦恼"。

第二次世界大战期间，多克因为年龄太大而没有入伍，但他自告奋勇到野战医院做了一名志愿者，协助医院救死扶伤。

有一天，他突发奇想，在医院的墙上写了一句话："没有人会死在这里。"他的行为引起了大家的注意，医院的人说他疯了，也有人认为这句话无伤大雅，不必擦掉。

那句话一直没有人去管，就一直留在了那面墙上。后来，不但伤员，就连医生、护士包括院长，都渐渐地记住了这句话。

伤病员们为了不让这句话落空而坚强地活着，医生和护士为了这句话，尽力地给予病人最精心的医治和护理。这个医院变成了一家坚强的医院，每个人的脸上都有一种盼望和坚毅的表情。

有时候，创造奇迹的不是巨人，也许只是一句简单的话语。而一句鼓励的话语，就是给对方一个免费却充满爱的珍贵的礼物，它在我们的生命里微不足道，却往往重如千钧。多克虽然只是一名普通得不能再普通的人，但是，他却从不吝啬自己的爱心，面对苦难，他不仅对生命充满信心，也因为一句鼓励的话让别人对生活充满希望，他传递的是一种对生命的珍爱，是一种对生活的自信，也是一种对爱的坚持。他坚持让爱成为一种习惯，让生活的每一天都充满爱、充满关怀、充满鼓励。

俗话说：好话一句三冬暖。一句鼓励或祝福的话，通常会让我们的心情变得好起来，而我们经常会因为别人一句无足轻重的话而改变许多，由悲观变得乐观、自信起来。因此，我们也不要吝啬自己的语言，不要吝啬自己的爱，让爱变成一种习惯，让我们每一天

篇二　探求篇
试探生活的深浅，追觅幸福的尺度

的生活都有爱的陪伴，那么，面对纷繁人生，就会找寻到一份属于自己的幸福和快乐。

幸福箴言

幸福源于爱，源于对生命的热爱，源于对生活的善待。我们一生都在寻寻觅觅，无非是为了追寻到生活中的幸福和快乐，但是却因为种种原因又错失了自己的幸福和快乐。其实，幸福是躲藏在爱里面的，只有爱才能让幸福显得更美满。因此，让爱成为一种习惯，让我们的生活处处都有爱，都有幸福相伴。

2. 在云淡风轻中拨开幸福的迷雾

幸福到底在哪里？或许大多数人不止一次地提出疑问，幸福到底在哪里？其实，幸福往往并非我们所幻想的那么神秘，我们总无法轻易地拨开笼罩在幸福身边的迷雾而一睹其真面目，那是因为我们总是忽略它，总是忽略一直悄然陪伴在我们身边的普通的幸福，而只是一味地拼命追求我们所幻想的幸福，这样我们如何能够开心、如何能够感受到幸福呢？其实，幸福并不遥远，它就在那云淡风轻中等着我们去找寻，去拥抱呢！

其实，很多时候，幸福就在不经意的角落等着我们去找寻、去拥抱，而那些角落却往往是我们最容易忽略的，因此，生活中，尽

给幸福一条最浅的底线

管拥有幸福的人为数不少，但不是每一个人都能找到它、拥抱它。到底怎么样才能在云淡风轻中找寻到幸福呢？当我们感觉不到幸福存在的时候，记得看看自己的周围，关心关心我们的家人、朋友，珍惜我们现在所拥有的一切，当我们去做这些的时候，就拥有了平凡的幸福！

幸福并不是我们拥有多少财富，也并非我们的人生有多么光鲜耀眼，也并非显赫的地位和荣耀。其实，幸福很简单，也许就是我们饥饿时的一块面包、疲累时的一张床、失落时别人一个鼓励的微笑……总之，幸福真的离我们很近，只要我们懂得在云淡风轻中拨开幸福的迷雾，懂得用心去感受，就能真切地体会到幸福，也会拥抱幸福。

有3个母亲，第一个母亲的女儿去国外留学，刚拿到绿卡；第二个母亲的女儿在机关工作，刚刚走上重要的领导岗位；第三个母亲的女儿下岗了，正艰难创业。

3个母亲常聚在一起聊天，每当谈论起自己的女儿时，前两个母亲的脸上总是洋溢着自豪，每一句话都在炫耀着自己的女儿是多么有出息，自己的脸上是多么光彩。而此时，第三个母亲就会面带微笑，低头做着手里的针线，静静地分享着她们的喜悦。

第三个母亲的女儿常回家，听见她们的闲谈后，内心一阵酸楚。等那两个母亲走后，女儿轻轻伏在母亲背后，说："妈，对不起，女儿不争气，不能让您像她们一样幸福。"

母亲放下手里的针线，从身后拉过女儿因为劳作而变得粗糙的双手轻轻抚摸着："傻孩子，记住，在妈的心里你是最优秀的。幸福是一种感觉，妈每天能看见你就已经足够了，你带给妈的是和她

篇二 探求篇
试探生活的深浅，追觅幸福的尺度

们不一样的幸福。"女儿的泪瞬间打湿了母亲的后背。

3年后，第一个母亲不再老是炫耀女儿的出国，而是抱怨在这3年中，她朝夕翘首以待，却一次也没盼回女儿的身影。女儿在电话里说，在国外精神和生活压力太大，暂时不能回家……

第二个母亲也不再老是炫耀女儿的官职，而是抱怨在这3年中，她每天得接送女儿的一对调皮的双胞胎儿子上学、放学，还得照顾他们的饮食起居，一天下来，腰酸背痛，心力交瘁，还难得见到晚归的女儿。女儿说，工作忙，找保姆带孩子不放心，现在是工作的关键时期，不能放松……

唯有第三个母亲，依旧常常面带微笑，幸福而祥和。她的女儿在这3年中，不仅成功创办了自己的公司，而且坚持只要不出差就每天挤时间回家看望母亲，哪怕一会儿也好，用所有可能的时间，陪着母亲。母亲也总是准备一些女儿爱吃的东西，满脸爱意地看女儿吃下去……

其实，幸福有时候真的很平凡，却又很伟大，身边看似微不足道的幸福，却往往蕴含着无边的深情。故事中的3位母亲，虽然各自都有着属于自己的幸福，第一位母亲因为自己的女儿能够出国，感到骄傲而幸福，第二位母亲以女儿当官作为炫耀的资本，而第三位母亲，却因为女儿能时常陪在她身边而感觉到不一样的幸福。尽管3位母亲所谓的幸福都不尽相同，但终归，前两位母亲的幸福感并没有随着时间的流逝而持续，相反，让原本的幸福变了味，而第三位母亲之所以感觉到幸福，正是因为她的幸福显得那么平淡，那么稀松平常，她的幸福那么轻易地就能得到。其实，第三位母亲之所以感觉到幸福，是因为她懂得珍惜身边的一切，她珍惜那种看似

给**幸福**一条最浅的底线

平凡却细微的幸福,正是因为这些琐碎的幸福,经过日积月累,最终让她的心中填满了幸福。

幸福更多的时候,并不在于我们拥有多少财富、坐拥权势地位,更不在于骄傲和炫耀的资本,幸福有时候就藏在琐碎细微的生活细节之中。为什么有些看似根本不成为幸福条件的东西,在一些人心目中却是最大的幸福,而有些看似很幸福的东西,却往往承载不了幸福呢?这就在于我们怎么去看待了。其实,幸福有时候真的很细微、很琐碎,它就藏在不经意的角落,只要我们用心去寻找,只要我们懂得如何轻轻拨开笼在幸福头顶的迷雾,在云淡风轻中找寻到幸福,那么,幸福就在我们身边。

幸福箴言

幸福其实就是一种感觉,这种感觉远远高于它的含义。富翁赚到一大笔钱是一种幸福,乞丐讨到一顿饭也是一种幸福。一个母亲不一定非得要自己的孩子大富大贵,能经常见到自己的孩子,并且看到孩子平安、健康、快乐,就会感觉自己是世界上最幸福的人。幸福常常就躲在我们身后,不必费心寻找,如果我们想要,只要一转身,就可以得到。

篇二 探求篇
试探生活的深浅,追觅幸福的尺度

3. 谦让，是有灵魂的生命艺术

在竞争激烈的现今社会，每个人似乎都铆足劲向前冲，拼命地展示自己的才能，生怕会被社会淘汰。因此，多数人的人生价值的实现，大多时候是依靠表现、展示、包装打造出来的。为此，有些人变得心情浮躁，再也找不到"谦让"以及类似的字眼。试想，这是不是一种悲哀呢？因此，请学会谦让，懂得谦让，做到适当的谦让吧！因为，谦让是有着灵魂的生命艺术，生活中有了谦让，才能面对社会做到恬静淡然，才能在自然中体会人生真谛，在人海茫茫中得到幸福女神的眷顾！

我们每个人游走于现代社会，通常被尘世的浮华所感染，能否保持一颗沉静而内敛的心，已成为困扰大多数人的烦恼之一。而激烈的竞争，让每个人都想方设法展示自己，早已不知道谦让为何物。因此，要驱逐浮华，必须学会谦让。谦让，是有着灵魂的生命艺术，是一种凌驾于浮华之上的坦然恬静，犹如沉香一般沉静内敛，让我们面对浮动、繁华的人世，依旧保持着深沉的、永远不变的芳香。

面对生活，几乎每一个人都想成为自己生活的主角，对于每一次机会都会当仁不让，因为只有紧紧抓住每一次机会，我们才有可能抓住通向成功彼岸的浮藤，才有可能面对竞争浮出水面。因此，更多时候，谦让只作为一种美德的代言词，尽管真切地存在着，却

给 *幸福* 一条最浅的底线

无法走进每一个人的生活，所以，谦让有时候并不是人人都能履行和做到的。但是，殊不知，谦让也会让我们得到意想不到的收获，更会让我们收获人生无法预料的快乐和幸福。

在我国安徽的桐城，有一条巷子特别出名。人们总爱讲起这条巷子的来历：清朝康熙年间有个大学士名叫张英。一天，张英收到家信，说家人为了争三尺宽的宅基地与邻居发生了纠纷，要他用职权疏通关系，帮忙打赢这场官司。张英看完信后坦然一笑，挥笔写了一封回信，并附诗一首："千里修书只为墙，让他三尺又何妨？万里长城今犹在，不见当年秦始皇。"意思大概是说，从千里之外来的家书只是为了一堵墙，你再让对方三尺又能有多大损失呢？你看，雄伟的万里长城今天依然蜿蜒曲折，傲立在天地之间，但是当年建造它的秦始皇却早已不在人世了。这首诗是劝告他的家人，不要为了一些小事而斤斤计较，再有价值的东西也是身外之物，争来抢去又有什么意思呢？张家人看罢来信，深深领会到张英和睦礼让、豁达明理的胸襟，于是立即让出三尺地。邻居看张家礼让三尺，深为触动，也随即退后三尺。两家不仅化解了纠纷，还为过路的行人留下了一条六尺宽的通行巷道，大大方便了百姓。如今，这六尺巷已经成为了中华民族和睦谦让美德的见证。

是呀，让人三尺又何妨呢？故事中的张英虽然贵为大学士，但是他却不滥用自己的职权，他懂得谦让，值得人们敬佩。其实，生活中常常需要我们大度地让出这"三尺"，谦让会让我们的路走得越来越宽，让我们的心境更加明澈。英国的《太阳报》曾以《什么时候最快乐》为题进行有奖征答，他们从8万多封来信中统计出了选择人数最多的答案：礼让别人时最快乐！因为，我们的谦让，会换来别人的感谢和微笑,也会为自己换来快乐的心情。

谦让是一种做人的艺术,一个谦让的人,懂得凡事没必要一味地去争,争强好胜未必是一件好事,而懂得适当地谦让、退让,是通往成功的一条通道。

经济大萧条时期,一位富有的面包师把城里最穷的20个小孩召唤来,对他们说:"在上帝带来好光景以前。你们每天都可以来拿一条面包。"每天早晨,这些饥饿的孩子蜂拥而上,围住装面包的篮子你推我嚷,因为他们都想拿到最大的一条面包。

等他们拿到了面包,顾不上向好心的面包师说声谢谢,就慌忙跑开了。只有格琳琴,这位衣着贫寒的小姑娘,既没有同大家一起吵闹,也没有与其他人争抢。她只是谦让地站在一步之外,等其他孩子离去以后,才拿起剩在篮子里最小的一条面包。她从来不忘记亲吻面包师的手以表示感激,然后才捧着面包高高兴兴地跑回家。

有一天,别的孩子走了之后,羞怯的小格琳琴得到了一条比原来更小的面包。但她依然不忘亲吻面包师,并向他表达真诚的谢意。回家以后,妈妈切开面包,发现里面竟然藏着几枚崭新发亮的银币。妈妈惊奇地叫道:"格琳琴,立即把钱送回去,一定是面包师揉面的时候不小心掉进去的,赶快去,把钱亲自交给好心的面包师!"当小姑娘把银币送回去的时候,面包师说:"不,我的孩子,这没有错,是我特意把它们放进去的。"

在食不果腹的经济大萧条时期,一个女孩子却依然能做到谦让,而且对得到的食物表示感恩,正是因为她的这份善良和谦让,让她得到了别人所无法得到的东西。因此,生活中,要学会谦让,

给**幸福**一条最浅的底线

要懂得谦让，这样，就会沉淀那份浮躁，多一份恬静淡然，而我们的人生，也会因此而多一份幸福快乐。

━━━━━━━━━━━━ **幸福箴言** ━━━━━━━━━━━━

面对生活中的种种机遇，要做到谦让，不仅要有一颗恬静淡然的心，更要有一种懂得进退收缩的智慧，但并非所有的人都能坦然做到谦让，所以，成功和幸福也只青睐那些懂得进退的人。俗话说：退一步海阔天空。有时候，适当地退步，恰到好处的谦让，会让我们更加准确地找到进取的捷径，让我们距离幸福和快乐更近，因此，学会谦让吧，让谦让成为一种有着灵魂的生命艺术，让我们去履行吧。

4. 给心灵松绑，让梦随之飞扬

瞬息变化的社会和繁忙的生活，很多时候，都会给人一种快要窒息的感觉，究竟是什么原因让我们的心灵负累呢？或许是因为节奏太快的现代生活，或许是因为我们追求的目标太大。总之，因为种种原因，我们的心灵被束缚着，难以呼吸。因此，想要探求生活的深浅，追觅到幸福的尺度，最主要的是要将我们的心灵从桎梏中解救出来，给心灵松绑，让梦随之飞翔，在纷繁中寻求一种恬静，在希望中找寻到生活的真谛。

或许生活中的一些磨难，会让我们失去信心，失去对生活美好

篇二 探求篇
试探生活的深浅，追觅幸福的尺度

的期盼，失去对未来的憧憬和希望。面对抉择，我们是选择自暴自弃，在生活的逆流中失去自我以及一切，还是选择迎着逆流而上，借着逆流的力量将自己打磨得更加坚强？其实，生活中，要学会自我肯定，让自信为我们点亮一盏心灯。

人都是在不断地超越现状中找寻到自信的，而自信可以让一个人找到自己的价值，找到生活的意义。换个说法，自信就是在自卑的驱使下建立起来的，只要你心里充满阳光，自卑也可以变成走向自信的动力。给心灵松绑，我们会发现，每天都是新的开始，每天都是新的起点，而梦想，也会随之飞扬。

一个自信的人，不会不断地抱怨，因为抱怨只会消磨他的心智，让他失去前进的动力；他不会躲起来顾影自怜，因为躲起来只会将自己的美丽隐藏，让他陷入自卑的深渊；他也不会将自己的心灵禁锢，因为被囚禁了的心灵，只会成为阶下囚。给自己的心灵松绑，让心灵沐浴阳光的温暖，不要再做黑暗中的囚徒，不仅是对自己人生的肯定，也是对未来的憧憬和希望，只有自由而放松的心灵，才能谱写出人生快乐和幸福的篇章。

8岁那年，她进伦敦皇家音乐学院学习作曲。

这很了不起，对于一个哑巴女孩来说。

她创办的电子杂志曾获奖，里面的诗歌、游记等大多出自她的笔下。

这很了不起，对于一个13岁的女孩来说。

有一年的1月到3月，她在别人的陪同下，从英国南部的家里出发去旅行，英格兰、澳大利亚、坦桑尼亚、孟加拉、美国都留下了她的足迹。

165

给*幸福*一条最浅的底线

这非常的了不起，对于一个双腿残疾的女孩来说。

乔伊·南丁格尔的身体是独一无二的，她以轮椅为伴，身体即是她的监狱。她罹患的不是大脑性麻痹、多发性硬化症或者帕金森病，尽管这几种病的症状都一一出现在她的身上。那是一种非常罕见的未知疾病，医学界只能将它描述为深度精神性肌肉失用症及神经紊乱。她还常常发高烧、尿道感染、腹泻、癫痫发作……她是各种各样的疾病的载体。

面对这样的情况，乔伊并不是没有气馁过，想到自己哪里也去不了的时候，就感到万分悲伤。她上网与许多国家的残疾人交流，大家相互鼓励，不久后她就创办了属于自己的电子杂志。这是一份叫《From the window》的杂志，你不会想得到，乔伊竟然能够令许多普通人难以接近的名人为她的电子杂志投稿，如作家玛格兰特、大主教乔治加里、曾经的联合国秘书长安南、当下最著名的残疾物理学家史蒂芬·霍金……

没有谁比乔伊更能体现这句话了：疾病禁锢了身体，但不会锁住他坚强的灵魂。她谱曲作乐，让音乐代替她的声音；她创作诗歌、散文、小说，用美妙的文字与他人交流；她到各国旅游，向人们证明了坐在轮椅上也能亲睹世界的精彩……

的确，大自然的阳光总是能给人温暖的感觉，当我们沐浴在阳光下，就会感觉到世界的祥和与舒坦，就会感受到生命的温度和热度。究竟什么才是心灵的阳光呢？假如给心灵松绑，让心灵自由呼吸，接受阳光的照耀，那丝丝缕缕的光，将带领我们来到一个充满希望和热度的地方，那么，这丝丝缕缕的阳光就是心灵阳光了。

心灵的阳光，也可以说是一种人生积极自信的生活态度。一个

篇二 探求篇
试探生活的深浅,追觅幸福的尺度

拥有阳光一般心态的人,面对烦恼、痛苦,甚至苦难,总是能用阳光的心态去面对,不会因为生活的重担和苦难而失去对生活的希望和憧憬,也不会将自己禁锢在黑暗的牢笼之中,独自承受黑暗和寂寞,更不会将自己的心灵囚禁起来等待自生自灭的煎熬,让原本鲜活的生命和精彩的人生承受无边无垠的消耗。

心灵的阳光让生命在痛苦中不断坚强起来,不再脆弱,它将人生道路上所有的辛酸苦累和烦恼悲哀都统统化为云淡风轻。因此,要想拥有多姿多彩的人生和幸福而美满的生活,就应该接受并珍惜心灵的阳光,让阳光温暖我们人生的角角落落,让我们的心灵在阳光的照耀下自由呼吸,感受温暖和热度,那么,我们人生的舞台,也会演绎一场精彩绝伦的人生话剧。

幸福箴言

给心灵松绑,让梦随之飞扬,以阳光的心态面对生活,用心灵的阳光普照我们平凡的人生,亮丽和温暖每一个平淡的日子,恬静淡然中体会人生的真谛,生活也会因此而变得更加云淡风轻。要想获得生活中更多的快乐和幸福,那么就从现在开始,给心灵松绑,让心灵自由呼吸,接受阳光的照耀。

5. 快乐原本就在我们身边

快乐，一般在字典中的定义是：觉得满足和幸福。我们经常为了找寻快乐，不惜走遍万水千山，却始终找不到它的踪影。其实，快乐有时候很简单，它原本就在我们身边，只要我们懂得用心去寻找，拥有一颗知足的心，就可以和快乐相伴。而懂得快乐、善于快乐的人，往往充满着智慧、拥有气度和气魄。

面对纷繁的世界，我们总会遇到些不如意的事情，难免会失落消沉。我们不妨试着用快乐的心去容纳、沉淀、过滤、消化一切，让心平静下来，不要去在乎那些得失荣辱，笑对人生，包容一切。拥有快乐的人生，才会达到真、善、美的境界，而幸福也会常伴左右。而正因为生活有了快乐，我们才更加能体会到人生的恬静淡然，才会在自然中体会到人生的真谛。

生活就像一个万花筒，由无数的快乐、悲伤、得意、失意、幸福和痛苦等构成。而每一个人都有属于自己的生活，懂得用快乐的心去对待生活的每一天，生活也会带给我们幸福和快乐。

莎朗·帕摩在一家玩具店里进行圣诞节的最后采购，她决定买一些芭比娃娃送给侄女们。

有一位衣着亮丽的女孩子也正兴奋地挑选着芭比娃娃，小手里还紧攥着一把钞票。

每当她选到一个中意的芭比时，就转身问爸爸她手里的钱够不

够买。他爸爸总是答道:"够。"但是她还是有些不满意地继续找,又继续问:"那这个够吗?"

就在她选来选去的时候,有一个小男孩也在这条过道的另一边挑选着"口袋怪兽"的玩具。

他穿得很整齐,但衣服很旧,夹克也显然小了好几号。他的手里一样拿着钱,不过看起来顶多只有5美元。

他也和爸爸一起在挑选。他一直挑着"口袋怪兽"的电动玩具,不过每当他选好一个并抬头问爸爸可不可以时,他爸爸总是摇摇头说:"不行。"

这边的小女孩显然挑到她要的芭比了,那是一个很漂亮很迷人的娃娃,一定会让一群小女孩羡慕。

然而,这时她停住所有的动作,注视着那个小男孩和他爸爸之间的举动。最后那个小男孩非常沮丧地放弃了他挑了半天的电动游乐器,然后选了一本贴纸簿,接着便和他爸爸走向店的另一头。

小女孩把娃娃放回架上,跑到"口袋怪兽"的电动玩具那儿去,她兴奋地拿起放在最上头的一个,转身和爸爸说了些话,然后跑到柜台去结账。

莎朗拿着她要的东西在他们父女俩后面排队,准备结账。

那个小女孩似乎很高兴,而那位小男孩和他爸爸则排在莎朗这一列的后面。

付完电动游乐器的钱,东西也包好之后,小女孩却把它交给收银小姐,并在她耳边小声地说了些话。收银员听完之后笑了笑,便将东西放到柜台下。

莎朗结完账,正在整理皮包时,轮到了排在她后面的小男孩,

169

给幸福一条最浅的底线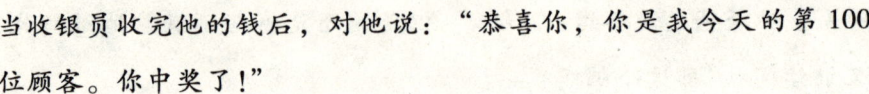

当收银员收完他的钱后,对他说:"恭喜你,你是我今天的第100位顾客。你中奖了!"

就这样,她把那个"口袋怪兽"的电动玩具交给了小男孩,那男孩难以置信地愣住了。

"就是这个!"他兴奋地说,"我想要的就是这个!"

小女孩和她的爸爸站在门口看着这一切,而莎朗在小女孩的脸上见到了她一生中所见过的最灿烂、最美丽的笑容。然后他们走出店门,她则紧跟着他们。

当莎朗回到车子旁边,还在为刚才目睹的那一幕而惊叹不已的时候,她听到那位父亲问他的女儿为什么要那样做。她永远也忘不了小女孩对爸爸说的那番话:

"爸爸,奶奶和爷爷不是希望我买个让自己快乐的东西吗?"

爸爸说:"对啊!我的宝贝,他们是这么说的。"

于是小女孩说:"对啊,那就是我刚才买的啊!"

就这样,她一边笑,一边蹦蹦跳跳地朝他们车子的方向走过去。显然她为自己先前的问题找到了答案。

许多人一生都在寻找快乐,但有些人总是一生都不能拥有快乐。其实原因很简单,因为快乐不是建立在物质上的,只有你自己喜欢的东西才能给你带来快乐。像小女孩所做的那样,这就是寻找快乐的方法。

一个女孩走过一片草地,看见一只蝴蝶被荆棘弄伤,她小心翼翼地为它拔掉刺,让它飞向大自然。后来这只蝴蝶为了报恩化作一位仙女,向小女孩说:"因为你很善良,请你许个愿,我将让它实现。"小女孩想了想说:"我希望快乐。"于是仙女弯下腰在她耳边

悄悄细语一番,然后消失无踪。

小女孩果然很快乐地度过了一生,她年老时,邻人求她:"请告诉我们,仙女到底说了什么?"她只笑着说:"仙女告诉我,我周围的每个人都需要我的关怀或帮助。"

以一颗健康的心去关心周围、感受周围,我们就是那个最纯粹的快乐的人。无论生活给我们的是什么,我们能控制的就是常怀一颗善心,和周围的一切融在一起,好好生活。时间太匆忙,没有必要计较太多,开开心心才是最重要的。

幸福箴言

什么样的心境将带给我们什么样的生活,当然,快乐的心情,也会带给我们快乐幸福的生活。就算现实很不如意,但只要我们保持一个良好的心态就会成为生活的主人,享受生活带给我们的无尽乐趣。现实中的人们都太忙碌,没时间给自己的心情放假,以至于计较太多,反而被生活牵累,从而忽略了原本藏在我们身边的快乐。

6. 淡定有时候会让我们得到更多

淡定有时候只是一种心境,一种对生活的坦然。淡定让我们感到生活的轻松和惬意,让我们在云淡风轻中感受生活的点点滴滴,哪怕风吹雨打,也相信总会有雨过天晴的那一天;淡定让我们犹如

给 幸福 一条最浅的底线

那藏于大海深处的一块礁石,虽经历海水冲刷却依旧能做到宠辱不惊;淡定让我们犹如悠闲开在山野的一朵小花,无妖艳之感却尽收天地之气,不羡慕,不嫉妒,独自吐露芬芳;淡定让我们在人生路上即便风尘仆仆,但是心却依然澄亮,依然有着勇往直前的勇气……

许多人都希望自己能够生活得幸福一些,为此,都在锲而不舍地追求着幸福,但是幸福究竟在哪里,到底怎么样才能触摸到幸福呢?很多时候,我们都在追求一种人生态度,究竟怎么样的人生态度才可以让我们的生活变得轻松一些,能够让我们在生活中春风得意?或许,淡定可以让我们的人生得到的更多,坦然生活,云淡风轻中也能享受到生活的甜美滋味。

经历了生活的跌宕起伏,也明了生命中的风风雨雨,风起云涌,很多人的名利之心逐渐变淡,他们获得了一份他人没有的豁达,那就是去追求一种精神层次的修养。就像佛家所说的一种境界:看山还是山,看水还是水。经历了迷茫和奋斗,当回头再看人生的时候,却变得清明而透彻。走出了人生的所有迷局,才会发现,只有淡定才可以让我们体会到人生的真谛,也只有淡定,才让我们的人生得到更多。就像道家祖师老子在《道德经》中所提倡的,无为才是人生最大的有为。只要拥有一颗淡定的心,就不会再执著于一时的得失,也不会迷失在碌碌无为之中。一个淡定的人,更懂得什么是生活,什么是人生。

有一位中国留学生,在纽约华尔街附近的一间餐馆打工。一天,他雄心勃勃地对着餐馆大厨说:"你等着看吧,我总有一天会打进华尔街的。"

篇二 探求篇
试探生活的深浅，追觅幸福的尺度

大厨好奇地问道："年轻人，你毕业后有什么打算呢？"

留学生回答："我希望学业一完成，最好马上进入一流的跨国企业工作，不但收入丰厚，而且前途无量。"

大厨摇了摇头："我不是问你的前途，我是问你将来的工作兴趣和人生兴趣。"

留学生一时无语。显然他不懂大厨的意思。

大厨却长叹道："如果经济继续低迷下去，餐馆不景气，那我就只好去做银行家了。"

留学生惊得目瞪口呆，几乎疑心自己的耳朵出了毛病，眼前这个一身油烟味的厨子，怎么会跟银行家沾得上边呢？

大厨对呆鹅般的留学生解释："我以前就在华尔街的一家银行上班，天天披星戴月，早出晚归，没有半点自己的业余生活。我一直都很喜欢烹饪，家人朋友也都很赞赏我的厨艺，每次看到他们津津有味地品尝我烧的菜，我就高兴得心花怒放。有一天，我在写字楼里忙到凌晨1点钟才结束了例行公务，当我啃着令人生厌的汉堡包充饥时，我下定决心要辞职，摆脱这种工作机器般的刻板生活，选择我热爱的烹饪为职业，现在我生活得比以前要愉快百倍。"

这样的事例，对于许多人来说是不可思议的。因为，他们在选择职业时，第一看体面，第二看收入，两者兼得，就足以在人前人后风光炫耀了。成败荣辱，全都摆在面子上，而面子是要人捧的，无人喝彩，就如同锦上添花般无趣。要知道，任何职业都没有高低贵贱之分，重要的是对事业的兴趣。而且，自我价值的实现、成功与否的体现，不必通过与别人比较来证实，更不需要别人的肯定来满足。

其实，更多时候，我们现在所做的一切都是为了生活，为了生

给幸福一条最浅的底线

活得更好,包括学习和工作。如果我们选择的工作不是自己感兴趣的,那么我们可能会得到物质的满足,但是心灵却只能空虚。只有坦然面对生命中的抉择,以一颗淡定从容的心面对生活的馈赠和每一次选择,懂得舍弃,他才能活得更加快乐和满足。其实,生活中,有时候放弃自己坚持的,选择一份感兴趣的工作,反而可能会得到更大的满足。

不要抱怨造物主的不公,每个人生来都有自己存在的价值和意义,不要因为自己出生卑微而丧失对生活的信心,也不要老是担心天塌下来会砸到自己。别人有别人尊贵奢华的享受,我们也有自己清贫淡定的生活,笑看生活中的磕磕碰碰,有阳光的日子,记得学会灿烂地笑哦!让淡定充盈我们的生活,让我们在淡定中坦然生活,品味生活的点点滴滴,在点滴之中体会人生的真谛,拥抱不一样的幸福和快乐。

幸福箴言

做一个豁达的人,拥有一颗淡定的心。与其抱怨生活中的磨难,倒不如带着一份坦然去面对它们,将它们当成一种历练,让自己变得更加坚强。以积极的人生态度去追求生活,学会舍弃,学会珍惜,追求一种淡定的人生,追求淡定中的成功,追求淡定之中的快乐和幸福,这才是我们展现自我、实现人生价值的最好途径。

7. 学会在失败中收获人生

迷茫还是感叹？成功总是和自己擦肩而过，总是像镜中花、水中月，我们总是拼命地追求、打捞，但最终仍旧是两手空空，成功仍然那么遥不可及。为此我们失望、沮丧、怨叹，干脆丧失追求成功的信心，一屁股跌坐在地上，开始反思或者迷糊过日！其实，成功并不像我们所想的那么遥远，更不会轻而易举地得到，成功总是在某一个鲜为人知的角落，藏在无数次失败的背后，只要我们能坚持不懈地去追求，不要丧失对它的希望，相信，我们就会在失败中收获人生更大的成功和幸福。

西班牙人认为：使人发光的不是衣上的珠宝，而是心灵深处的智慧。其实智慧是人生最大的财富，智慧的人生，懂得如何在无数次的失败中总结经验，重拾对生活的信心和勇气，懂得如何拨开失败的迷雾，最终觅得成功和幸福快乐的生活。

每个人都希望自己能够幸福，对于幸福的追求也是坚持不懈。在此过程中，并非每一个人都能一帆风顺，大多人都要经历无数的失败和打击，而有些人，穷尽一生，却仍旧陷在失败的泥沼中苦苦挣扎，永远看不见胜利的曙光和成功的希望。而只有那些坚持到底、懂得从失败中汲取教训的人才能获得成功，找寻到人生的真谛，觅得幸福和快乐。

鉴真和尚刚刚剃度循入空门时，寺里的住持让他做了寺里谁都

给*幸福*一条最浅的底线

不愿做的行脚僧。

有一天，日已三竿了，鉴真依旧大睡不起。住持很奇怪，推开鉴真的房门，见床边堆了一大堆破破烂烂的芒鞋。住持叫醒鉴真问："你今天不外出化缘，堆这么一堆破芒鞋做什么？"

鉴真打了个哈欠说："别人一年一双芒鞋都穿不破，我刚剃度一年多，就穿烂了这么多的鞋子，我是不是该为庙里节省些鞋子？"

住持一听明白了，微微一笑说："昨天夜里落了一场雨，你随我到寺前的路上走走看看吧。"

寺前是一座黄土坡，由于刚下过雨，路面泥泞不堪。

住持拍着鉴真的肩膀说："你是愿意做一天和尚撞一天钟，还是想做一个能光大佛法的名僧？"

鉴真答道："当然想做一个名僧。"

住持捻须一笑："你昨天是否在这条路上走过？"

鉴真说："当然。"

住持问："你能找到自己的脚印吗？"

鉴真十分不解地说："昨天这路又坦又硬，小僧哪能找到自己的脚印？"

住持又笑笑说："今天我俩在这路上走一遭，你能找到你的脚印吗？"

鉴真说："当然能了。"

住持听了，微笑着拍着鉴真的肩说："泥泞的路才能留下脚印。"

"泥泞的路才能留下脚印。"的确，生活和工作中，只有经历一些困难和坎坷，才能让我们学会更多，懂得更多，得到更多，而人

篇二 探求篇
试探生活的深浅，追觅幸福的尺度

生也一样，往往要在无数次的失败中才能收获人生。其实，人生路上，平坦的道路固然让人向往，但千万不要拒绝生命中的困境，因为困境可以让我们成熟，让我们走得更为踏实。因此，不要惧怕失败，只有经过失败的洗礼，我们的生命才会更加坚强，内心才会更加强大，面对生活才能更加坦然。

其实，生活中的每一个困难、困境，都是一种磨炼、一种自我超越的契机。人只有在面对困难的时候，才能懂得生活的珍贵，才能磨炼意志，超越自我。而大多数人都喜欢在面对困难的时候退缩，或者干脆放弃，因为他们无法经受失败的打击，更无法重拾对生活的信心，因此，他们总是和成功无缘相见。只有那些将失败视为朋友的人，才能真正了解失败的原因，拨开笼罩在失败上的迷雾，看清事实和真相，最终赢得成功，拥抱快乐和幸福。

法国巴黎市郊区，有一家名叫"黑暗滋味"的餐馆。这家餐馆与其他普通的餐馆没有太大的区别，唯一令人称奇的是这家餐馆在营业时，里面没有用来照明的灯，而且该店雇用的侍者，也大都是经过"特殊"培训的盲人。

在这家"黑暗滋味"餐馆里，曾经发生过许多有趣的事情。有一对感情濒临破裂的夫妇，在离婚之前，决定在一起吃最后一顿饭。他们为了避免尴尬，便选择了这家"黑暗滋味"餐馆。在用餐的时候，妻子不慎被打碎的酒瓶划破了手指。丈夫一边安慰着她，一边疼惜地掏出手帕来，摸黑为即将与他分手的妻子包扎伤指。当他俩一起走出餐馆的时候，妻子才发现丈夫的一个手指也在朝外渗着血，原来刚才他急于给她包扎伤指，自己的手指也触在了那些碎玻璃碴上。不知为什么，她紧紧地抱住了丈夫……

177

给 幸福 一条最浅的底线

有记者慕名来采访这家餐馆的老板，问他："为什么要开办这么一家独特的餐馆呢？"老板意味深长地说："只有品尝黑暗，才能真正感受阳光的珍贵。"

歌曲里唱道：不经历风雨怎么见彩虹。是呀，生活中，只有经历风雨的洗礼，才能看见彩虹的美丽，也只有经历了失败的痛苦，才能真正取得成功。就像故事中说的："只有品尝黑暗，才能真正感受阳光的珍贵。"的确，经常享受阳光的我们，又怎么知道黑暗的滋味呢？就犹如一帆风顺的人生，没有经历过困难和挫折，就不知道自己所拥有的有多么珍贵，只有经历过，才懂得珍惜，才会得到更多。

幸福箴言

人的一生不可能一帆风顺，在追求幸福和成功的路上，总会遇到各种各样的困难和失败。面对打击，我们往往会对未来失去信心，总觉得自己或许就这样一辈子都要和成功无缘了，于是自暴自弃。当我们失败的时候，不妨试着以一种淡然的心去看待，不要放弃，不要灰心，要相信没有永远的失败者，在失败中获得的成功才更值得让人珍惜。让我们以恬静淡然的心去面对失败，学会在失败中收获人生。

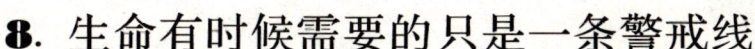
篇二 探求篇
试探生活的深浅，追觅幸福的尺度

8. 生命有时候需要的只是一条警戒线

或许大家都有所了解，在有些地方设立着警戒线，那些警戒线让我们知道，这是一条不能逾越的警示，一旦越过，就会带来不必要的麻烦。而警戒线对生命而言，也显得尤为重要，它是我们做人的道德底线，也是我们处世的最低原则。这条线会让我们懂得珍惜和热爱生命，也会让我们更加懂得生命的意义。因此，给自己的生命设立一条警戒线，而且不要轻易逾越这条警戒线，或许，我们的人生会多了许多保障和安全，而生活也会因此而多一份幸福和快乐。

生命总是在不断地挑战和超越之后才更加坚韧和坚强。生活中的种种遭遇，让我们无时无刻不在面对挑战和极限，而给生命设立一条警戒线，就是在告诫我们不能逾越，不能再突破，我们只能在警戒线之内活动，一旦超越，就会带给我们意想不到的危险和困境。面对生活的馈赠，我们都在不断地让自己变得强大，而这个过程之中，有时候往往会让我们斩断自己的退路，将自己置身悬崖，其实也是给自己一个向生命高地冲锋的机会。

每当这个时候，我们不仅需要一种超越自我的勇气，而且要有一个让我们及时刹车的制高点，也就是生命的警戒线，我们只能拼命企及，却无法逾越。在线内，我们能达到人生的巅峰，也能获取生活中最大的幸福和快乐，而一旦走出线外，或许面对我们的就是

给幸福一条最浅的底线

悬崖，就是粉身碎骨。因此，我们要学会控制，学会给自己的生命设立一条警戒线，让它不断督促我们向前冲，也让它及时阻拦我们走向危险。

陈锋过五关斩六将终于获得了这份高薪工作。在上班的第一天，他就发誓，一定要认真工作，以便得到更好的发展。

陈锋主要负责对外洽谈这一块，他所在的公司是国内一家比较有名的装潢公司，一年到头生意都很不错。陈锋热爱自己的这份工作，他的能力很快就得到了上司的肯定，所以在短短的一年之内，他的职位也是一升再升，薪水当然也跟着增加。他现在已经是公司的一位中层管理者了。

陈锋谈生意的时候一直都以诚信作为最大的原则，将公司的利益放在首位。但是最近他却遇到了一件烦心事，原来是在一次生意洽谈中，他遇到了自己的高中好友，那人有一批装潢材料正是陈锋他们公司所需要的，但是材料因为搁得太久有点不好用了。他希望陈锋能够买下那批材料，他答应事成之后会给陈锋丰厚的回报。陈锋有些为难了，一边是培养自己，对自己有恩的公司，一边是同窗好友以及丰厚的回扣，他到底该怎么办？那批材料虽然有点问题，但是自己手头正好有一项装潢工作，可以及时处理掉；但是万一被客户发现，那么公司的名誉，自己的前途也就毁了。犹豫再三，陈锋还是决定以公司的利益为重，他婉言拒绝了好友的提议，从其他公司购进了那批装潢材料。

后来在一次会议上，老总突然表扬了他，他感觉有点莫名其妙。事后才知道，原来自己的好友和老总也是好朋友，他在闲聊的时候将这件事告诉了老总，并且在老总面前大力称赞陈锋对公司的

篇二　探求篇
试探生活的深浅，追觅幸福的尺度

忠诚。陈锋不禁捏了一把汗，要是当时自己答应了好友的要求，那么估计早就被公司开除了。

其实，陈锋完全可以利用权力之便答应好友的提议，从中得到一笔好处。但是陈锋有他自己的做人原则，他有属于自己的做人道德底线，正因为他没有越过这根底线，所以才没有让自己的良心被蒙蔽，当然他受到公司的重用也就不足为奇了。

所以说不管是做人还是做事，都要有一定的底线和尺度，而这个底线和尺度无疑是一根警戒线，只有不超越这根警戒线，我们才能够让自己的人生得到发展，让自己的愿望以最大限度实现。超越警戒线，无疑是自找苦吃，甚至有时候失去的不仅仅是一些利益或者物质，而是更为宝贵的东西。

小米一生中最大的爱好就是赛车，他出生在豪门，从小衣食无忧，父母也极力满足他对车的爱好，从小到大，从玩具车到赛车，只要他有要求就会得到满足。

成年后，小米不仅有了属于自己的赛车，而且和朋友们组织起了圈内赛车队。他们隔三差五就去飙车，每次飙车都带给他巨大的刺激和心理满足感，而每一次飙车结束，他都会有一个新的目标。他就在那样不断实现目标，不断追求极限中体会着人生，追逐着属于他自己的快乐和幸福，而丝毫不顾及父母的感受。

当然，他为飙车也付出过很多的代价，罚款扣车是常有的事，而且还时不时的会受伤，但这都没有让他打消爱好赛车的念头。

在一次飙车中，明明速度已经达到了极限，但是他就是不甘心，就是想超越，结果车毁人伤，他的腿部也因此受了重伤。残疾后的他，变得消沉了，他不仅不能再飙车，而且，也失去了自己的

给幸福一条最浅的底线

健康，但是，后悔已经来不及了。

故事中的小米，之所以有悲惨的结局，最主要的原因在于他不懂得给自己的生命画一条警戒线，他只知道无限去超越，去实现自己的价值，却不懂得任何东西都是有极限的，生命也一样。尽管他能在不断地追求极限的过程享受到乐趣，实现自我价值，但是，他却不懂得，任何极限的超越，都必将付出惨重代价，而他为此付出的代价，的确有点不值得。如果他懂得给自己的生命画一条警戒线，他就不会轻易去逾越，他的生活也不会因此而变得黯然失色，或许，他还可以继续追求自己的喜好，继续在不断实现自我的过程中享受人生的乐趣，享受生活，拥抱幸福和快乐。

幸福箴言

生活中，有些人注注喜欢追求极限，一旦超越了极限，就会成为一种对于生命的警告。我们应该懂得给自己的人生设立警戒线，也要懂得永远不要逾越那条线，那样，才能够在纷繁中寻觅到幸福的踪影，在茫茫人海中求得永久的快乐，我们才能在飙车的时候及时刹车，在危险的时候记得回头。

篇三　释然篇
体味幸福的甜美，描绘底线的温柔

　　为了赚钱，忙于工作，人往往像一趟没有回程的火车，总是忙忙碌碌，不停地向前奔波，因此，忽略了窗外的风景，错过了许多美好的东西。而当有一天生命列车突然到达终点，我们才会觉得遗憾，开始为自己错过的时光而悔恨，可是，时光一去不复返，再也回不到那些从前。因此，在我们生命行走的过程中，善待每一天，用心去体味幸福的甜美，给幸福一个浅浅的底线，并用心去描绘底线的温柔，让我们生活的每一天都美好、充实、快乐和幸福。

第七章　捕捉生活，平淡中咀嚼幸福滋味

每个人对幸福的感知都不相同，主要就看我们的心态了。有些人很容易满足，那是因为在他们心目中，幸福很普通、很平淡。可是即便很普通、很平淡的幸福，他们也切实感觉到了，那么他们肯定也是幸福的。有些人的欲望很大，那么幸福对他们而言，必然很大，很遥远，他们得到幸福的几率相对会很小，甚至一生都无法感觉到真正的幸福。究竟如何才能得到幸福女神的眷顾呢？捕捉生活的每一瞬间，在平淡中咀嚼幸福滋味，那么，幸福真的就在我们身边，我们早已紧紧握在了手中。

1. 活力和热情，让你离幸福更近一步

风光无限是生活，平淡简单是生活，随波逐流是生活，处变不惊是生活……生活就犹如一个万花筒，而每个人都在生活的激流中逆流辗转。然而，我们应该为自己活着而感到幸福，也要珍惜这份拥有，更要懂得去把握自己的生活方向和节奏，让自己的生活充满

篇三 释然篇
体味幸福的甜美，描绘底线的温柔

活力和热情，永远都不要失去对生活的憧憬和希望，那么，就会离幸福更近一步。

拥有活力和热情，是对生活的一种积极心态，有了活力和热情，生活才会有更多的乐趣和色彩。有时候，我们总会抱怨生活如何让人感觉烦闷和枯燥，几乎每天都在重复。日复一日的重复，让我们耗尽了对生活的热情和活力，什么事情都仿佛无法让人提起精神来，久而久之，生活的潮水将我们淹没在平凡琐碎之中，而幸福和快乐，也像那海市蜃楼，可望而不可即。

在我们生命行走的过程之中，总有或多或少牵绊和阻碍影响着我们前进的步伐，有时候甚至是自身所无法突破的缺陷让我们无法到达成功的彼岸，更无法触摸幸福的温度。究竟怎么做才能让我们面对平淡的生活，触摸到幸福的温度呢？其实，活力和热情，是一种坦然面对生活的人生态度，人生有了活力和热情，就有了希望，可以用一种常人所不能匹敌的勇气和坚忍不拔的心去克服一切困难，将苦难变成坦然，将坎坷变为平坦，将痛苦化作微笑，用坚强做支柱，一路潇洒地走下去，去体味幸福的甜美！

小梅是一个不幸福的女人，在别人看来，她真的是不幸福的，下岗，离婚，自己带着一个有病的孩子。她搞了一个小店，风里来雨里去，专门卖那些小食品。有人说，多可怜的女人啊。

她却觉得自己是幸福的，至少，她丢掉了一个破碎的婚姻，丈夫见一个爱一个，让她伤透了心，这样的男人，怎么还能要？离婚又如何？离婚的人难道就不应该好好地生活？

下岗又如何？反正从前的单位也是死不死活不活，一个月300元不够她和女儿吃饭吃药，而这个食品店因为物美价廉很快让她做

给幸福一条最浅的底线

活了生意。见到她的人都说,她好像比从前白了胖了,而且脸上有了光泽。

有人说,是不是遇到一个好男人了?是不是有了新生活?

她笑着说,不,自己才是自己的新生活,别人改变的只是你的一小部分,最终能改变的还是自己。

她哭过死过闹过,结果越来越惨,当她重新要面对自己、面对生活时,她说,除了选择坚强和微笑,我别无选择。

小梅喜欢舞蹈,她跳芭蕾,带着她的小女儿也跳芭蕾。

当她和那帮中年女人一起跳芭蕾时,让人不敢相信,那真的是一个离婚又人到中年下了岗的女人吗?她的一招一式都认真投入,如果不是亲眼所见,没人相信她会跳。她不年轻了,腰有些臃肿,腿没有伸缩性,因为芭蕾是属于青春的,但那一刻让很多人激动,美不仅仅属于青春,它属于那些对生活热爱和执著的人!

小梅对生活、对人生自信而乐观的美,给人的除了感动还有震撼。这究竟是一个怎样的女人啊,在经受了人生的雨雪风霜之后,这样有条不紊、一丝不苟地过自己想要的生活,她如一株秋后的枫树,因了霜降和秋风,因了大自然的严寒而分外娇艳!

小梅经常邀请朋友一起去旅行,带着她的小女儿。她说,自己少女时就喜欢旅行,一直没有实现这个愿望,结婚后忙着争吵,哪有时间去享受闲情逸致?后来才明白,那不是自己想要的人生,她应该有另一种活法。

一年之后,朋友们接到小梅烫着大红喜字的请帖。那是一个她学开车时认识的男人,那个男人不但英俊,还是一个企业的副总,当然,最重要的是他才刚刚30岁,还没有结婚。他对朋友说,这

篇三　释然篇
体味幸福的甜美，描绘底线的温柔

样的女人，才是世界上的珍宝。

虽然别人说他们太不般配，说她一定是用了什么样的手段才把这个男人搞到手，但知道的人都明白，她如那个男人所说，是一件最美丽的珍宝。

小梅的遭遇的确很糟糕，下岗、离婚，自己带着生病的孩子，对于一个女人而言，这些困难足以让许多人都沉浸在烦恼和痛苦之中，因为她要面对的不仅是心灵的压力，更有物质上的压力，不论从哪个角度而言，小梅的生活根本就没有快乐和幸福可言，然而，她却生活得依旧快乐和幸福。究其原因，她之所以面对生活中的困难依旧能快乐幸福地生活，主要是因为她对生活充满着活力和热情。面对困难，她没有丝毫惧怕，没有因此而关闭自己通往快乐和幸福的大门，她以动人的姿态生活着，在经受了人生的雨雪风霜之后，她仍然有条不紊、一丝不苟地过自己想要的生活。她如一株秋后的枫树，因了霜降和秋风，因了大自然的严寒而分外娇艳！

生活中，难免会遇到不如意的事情，但只要我们面对那些不如意，依旧能够坦然面对，用热情和活力去迎接生活中的一切遭遇，不要惧怕，不要退缩，迎难而上，学会苦中作乐，让原本的不幸和痛苦变得云淡风轻。以一种积极乐观的心态去面对生活，相信，再大的苦难、再多的烦恼也会随风飘散，而生活，也会因此而多一份快乐和幸福。

幸福箴言

在生活中，也许我们会被冠上不幸者的头衔，或许离婚、家庭破碎，或许一无所有，但这些都是别人看到的。只要我们自己认为

给 **幸福** 一条最浅的底线

自己依旧幸福、依旧快乐，那么别人的言论也就变得无足轻重。无论何时，记得只有自己才能给自己新生活，只有充满活力和热情地对待生活，生活才会回报我们更多快乐和幸福。

2. 在相互分享中收获快乐与满足

随着竞争的日益激烈，谋取生存确实很不容易，每个人都在为生计奔波，没有时间和别人去分享快乐或者幸福，也没有太多时间和自己的亲人一起共享生活的快乐和幸福。可是在我们忙于工作的时候，那些爱自己的家人是多么希望我们能停下脚步，和他们一起享受生活的点点滴滴，分享生活中的酸甜苦辣咸。因此，千万不要因为太忙而错失和别人或者亲人分享的机会，记得抽出时间，在分享中收获快乐与满足，那么，也会在平淡中咀嚼到幸福滋味。

生活中，要学会分享，在相互分享中收获快乐与满足，才会得到更多的回报。自私自利永远只会让我们孤立无援，在不损害自己的利益的前提下，去和别人一起追求更大的利益，这才是最明智的选择。分享生活，分享悲伤，这样我们就不必一个人独自承受太多，我们获得的远远超乎自己所想象的。

面对纷繁的世界，人们总是匆匆忙忙，奔波穿梭着，早出晚归，为了生计而不辞劳累，为了理想而奋斗不息，在这种忙碌和奔波之中，寻找着人生的真谛，实现着自身价值，然而，却往往难以抽出时间去和周围或者身边的人去分享彼此生活中的点滴。因此，

篇三 释然篇
体味幸福的甜美,描绘底线的温柔

不论是幸福快乐还是痛苦悲哀,都由自己去承受。殊不知,一份痛苦,与人分享就会变成半份痛苦,一份快乐,与人分享,就会变成两份快乐。人其实就在这种相互分享中得到更多的快乐和幸福,也是在不断地相互分享中将痛苦和悲伤减半。

有一个犹太人,他平时很喜欢打高尔夫。又是一个安歇日,但是他的球瘾却犯了,他很想去打球,可是又怕违反教规(教规里规定在安歇日,人们只能在家休息,严禁工作和游玩),经过一番激烈的思想斗争,他还是无法抵制打球带来的欢乐,他又想到,安歇日教徒们肯定都待在家里,所以是不会有人知道他去打球的事情的。于是,他带着球杆去了球场……

确实如他所想,球场上一个人都没有。于是,他举起球杆开打了。正在这时,一个小天使从这里路过,看到他在打球,心里想:安歇日他还在打球,胆子实在太大了。于是她就跑到上帝那里要求上帝惩罚长老。上帝听了小天使的话很生气,保证一定会惩罚这个人的。

他根本不知道有人告了他的状,他打球正打得津津有味,而且今天状态极佳,比世界高尔夫冠军打的都要好。本来他想着打上9杆球就走,可是一看自己今天的球技不凡,就想着再打上9杆看看,结果呢,一杆就进洞,这让他极其兴奋,什么教规早就抛之脑后了。这时,小天使又从这路过,看到他还在打球,十分生气,心想肯定是上帝包庇他。于是去找上帝理论,上帝笑笑说:我已经在惩罚他了。

小天使很纳闷,上帝就说,他今天的球技出奇的好,一定十分兴奋、激动,可是却不能与人分享……正如上帝所料,他在极端开心的时候又充满了深深的失望，要是有人看到自己的球技，肯定要大加赞赏的。

一个人不管是拥有还是失去，是愉悦还是痛苦……都需要有人来和他分享，只有在分享中，才能够找到和谐，在分享中才能够找到共鸣。不懂得分享的人是可悲的，因为他们感受不到分享的喜悦，所以他们的人生是寂寞、孤独的。正因为他们不懂得分享，所以他们会受到自私的纠缠，并且在自私中逐渐失去快乐，当然也得不到自己想要的结果。

有一位农民从外地换回了一种小麦良种，种植后产量大增。这个农民喜出望外，因为他成了村人眼中的种田能手。但是，马上他又变得忧心忡忡。他害怕别人偷去他的良种，偷去他的那份骄傲。于是，他想方设法保密，拒绝村民们兑换小麦种子的请求。他一个人享受着丰收的喜悦。

然而，好景不长，到了第3年他就发现，他的良种不良了，变得跟普通的麦子一样。又过了两年，他的麦子连普通的种子也不如了，产量锐减，病虫害增加，他因此蒙受了很大的损失。这个农民带着自己的良种麦子跑到省城请教农科院的专家。专家听他讲完自己的经历，告诉他，良种四周都是普通的麦田，通过花粉的相互传播，良种发生了变异，品质必然下降。

我们总是怨叹生活中有太多的烦恼和痛苦，总是无法将烦恼和痛苦从自己的生活之中驱逐出去。其实，更多的时候是因为我们不懂得与人分享，当面对痛苦和困难，我们经常喜欢一个人去面对，去苦苦思索，再去想办法解决，往往问题没有解决，我们的心灵早

篇三 释然篇
体味幸福的甜美，描绘底线的温柔

已负重不堪。殊不知，如果能找人分享，就会多一份力量，也会多一个计谋，俗话说：三个臭皮匠赛过诸葛亮。而面对快乐和幸福，假如懂得去和别人分享，那么，别人也会因分享到我们的快乐和幸福而感到快乐和幸福，快乐和幸福就会翻倍、递增，就会一直传递下去，就会收获更多的快乐和幸福。因此，生活中，要学会相互分享，在分享中收获更多的快乐和幸福。

幸福箴言

人生最大的财富不是堆积如山的金银珠宝，也不是华丽辉煌的宫殿，这些都只是让我们安逸的工具。人生最大的财富在于朋友，因为多一个朋友，就会多一条路，多一个朋友，就会多一个人和自己分享快乐、痛苦，经过分享的快乐注注会翻倍，经过分享的痛苦也时常会减半。因此，面对生活，我们要学会与人分享，只有懂得相互分享，我们才能在分享之中收获更多的快乐和幸福，人生也会少一点痛苦和悲伤。

3. 平淡中也有幸福的痕迹

或许大多数人都曾经希望自己的人生能够轰轰烈烈，生活能够过得精彩纷呈，当然，许多人的一生中，或许都有过光鲜亮丽的时刻。然而，生活终究都会归于平淡，毕竟我们每天的生活，都要吃饭、睡觉、工作，几乎每天都有着太多太多的重复，这种无休止的

给幸福一条最浅的底线

重复,本身就索然无味,毫无新意,我们难免会感觉到厌倦和枯燥。然而,许多生命中美好的东西就隐藏在这种生活的琐碎之中,而快乐和幸福也往往隐藏在其中。

大多时候,人们忙于生计,忙于追求理想,都无法停下脚步去注意生活的细节,也不去在意隐藏在琐碎之中的快乐和幸福,因此,幸福对于这些人而言,总显得遥远而望尘莫及。幸福在他们心中就像镜花水月,看似美丽,却永远都无法触摸到它的温度,他们只能徘徊在幸福门前悲观感叹,怨叹命运,为自己的人生高唱悲歌。

其实,隐藏在生活琐碎中的快乐和幸福,尽管少了太多激情,变得平淡无奇,但是它却真实地存在于生活的每一个细节之中,只要我们用心去感受、去发现,就会知道,它们一直都悄悄地等着我们,陪伴着我们,只要我们愿意,幸福就会触手可及。

在荷兰,有一个刚初中毕业的青年农民,他来到一个小镇,找到了一份替镇政府看门的工作。他在这个门卫的岗位上一直工作了60多年,他一生没有离开过这个小镇,也没有再换过工作。

刚开始工作,也许是工作太清闲,他又太年轻,他得打发时间。他选择了又费时又费工的打磨镜片当自己的业余爱好。就这样。他磨呀磨,一磨就是60年。他是那样的专注和细致,锲而不舍,他的技术已经超过专业技师了,他磨出的复合镜片的放大倍数,比他们的都要高。借着他研磨的镜片,他终于发现了当时科技尚未知晓的另一个广阔的世界——微生物世界。从此,他声名大振,只有初中文化的他,被授予了在他看来是高深莫测的巴黎科学院院士的头衔,就连英国女王都到小镇拜会过他。

篇三 释然篇
体味幸福的甜美,描绘底线的温柔

创造这个奇迹的小人物,就是科学史上鼎鼎大名的、活了90岁的荷兰科学家万·列文虎克,他老老实实地把手头上的每一个玻璃片磨好,用尽毕生的心血,致力于每一个平淡无奇的细节的完善。终于他在他平淡的一生中看到了他的上帝,科学也在他的平淡中看到了自己更广阔的前景。

一生只选择一份职业,从而锲而不舍地干下去,总会有收获,即使有时候生活平淡如水,但是在如水的生活中也可以体现出不平凡的成功。就像文中的列文虎克,他一生在平淡枯燥中度过,一生只专心磨了一块镜片,可是就是因为他的坚持与专心,并甘于平淡的心态,才会让他拥有不平凡的人生。甘于平淡,体会平淡的滋味,懂得在平淡的生活中寻找到幸福的痕迹,只有这样我们才能抓住看似平凡的幸福,让生活的每一天都充满快乐。

我们经常为了追求遥远的未来而忽略了自己现在拥有的一切,因此,也错过了许多身边美好的东西。就像有些人,为了工作,忽略了亲人,错失了日常生活中最平淡的幸福和快乐,而那种遥远的幸福只是一个未知数。尽管那种幸福或许更加诱惑人,但是,追求了,努力了,也未必能得到,所以,还不如紧紧抓住身边唾手可得的幸福,那才是最明智的选择。

马新大学毕业之后就进了一家国企,然后在那一待就是10多年。当年和他一起进国企的人都已经是一升再升,成为管理者了;没升职的也早就辞职下海,当了老板了。只有马新,依然是一个普通的员工,脸上依然带着淡淡的微笑。

很多人知道马新不是那种无能的人,只要他肯努力,当个中层管理者不在话下;要是肯下海,估计也会干得很好。有几个朋友约

给幸福一条最浅的底线

他一起经商，谁知马新却谢绝了，说是自己在这里干得很好，虽然工资少点，但是他爱这个公司，爱这份平淡无奇的工作，这里是他幸福的源泉。

原来在他上班的第二年，他遇到了他的爱人，然后他们结了婚，当时单位的领导格外照顾他，给了他们一套小房子。马新因此感恩，并且他和妻子都不喜欢轰轰烈烈的人生，所以他们决定一直在这里上班，直到退休。

平平淡淡也是一种幸福，就像故事中的马新，他不想花太多的精力去挣那么多的钱，他也不愿意费尽心思去获得权力，他有自己的一套做人原则，他甘于平淡，情愿在平淡中享受人生的幸福。谁又能说他不幸福呢？其实幸福是人自己的一种感受，并不是有人说你幸福，你就是幸福的。看上去的幸福并不一定是真正的幸福。

人生在世，要甘于平淡。一句问候，一句叮咛，一份承诺，即使很平淡，却能够给人一种温暖和快乐。平淡隐藏在生活的琐碎中，无处不在，无处不有。不要去感叹自己的生活平淡如水，要知道如果喝惯了水，也就会发现它带有淡淡的甜味了。轰轰烈烈的生活并不一定适合所有的人，唯有在平淡中才可以找寻到内心的安宁。爱上平淡，爱上自己的生活。把握住幸福的底线，学会在生活的点点滴滴中找寻幸福的痕迹，捕捉生活的每一瞬间，在平平淡淡之中咀嚼幸福滋味。

幸福箴言

幸福注注不在遥远的过去，也不在梦想的未来，更多时候，幸福就藏在我们身边，隐藏在生活琐碎之中。要想寻找到幸福的痕

篇三 释然篇
体味幸福的甜美，描绘底线的温柔

迹，得到幸福女神的垂怜，就要用心，用真诚，用爱去善待身边的一切。要懂得捕捉生活的每一瞬间，在平淡之中觅得幸福踪影，从而拥抱幸福。

4. 瞬间的感动有时候就是一种永恒

生活中，我们时常因为一些事或者一些人而感动，感动是心灵深处所激发出来的一种奇妙的感觉，让人心底荡起层层涟漪，感动是我们生命中一种最平常却又别样美好的感情。生命中，有了感动，才会萌生出许多爱，因为有了爱，生活才更加美好幸福。

有人说，瞬间的感动有时候就是一种永恒，有时候，那种心灵被刹那间触动的感觉尽管持续的时间很短，但是所激发的感情却恒久而持久。生活中的感动有很多种，但总有一些是我们所难以忘怀的，它不会因为时间的流逝而变淡，也不会因为岁月流转而褪尽颜色，相反，会因为时间的推移而变得更为清晰、真切。

有时候，我们周围就有一些事或者人让我们感动不已，那种感动尽管没有惊天动地，却也震撼心灵，它没有夹杂任何的商业利益，也没有任何的虚假，只是一种人性的揭示，只是出于一种人的本能，也是人们感情最自然的流露。因此，我们应该懂得珍惜身边的每一次感动，不要让它随着时间而变淡，让它永远留在我们心里，激励我们，陪伴我们。

一个女大学生报名参军，被分到西部一个兵站，她一直想当

给*幸福*一条最浅的底线

兵，所以，哪怕分到了荒无人烟的兵站她也毫无怨言。但是，一开始还行，时间长了，她就倍感孤独，有时想找个说话的人都没有。她曾想过要调离，可是，要强的她，一直相信自己能够撑住，甚至上级打算调她走，她也说不，给人一个抱定了扎根边疆的印象，上级给她立了二等功并树为典型。可是，她的眼神分明又是忧郁的。无形的荣誉圈住了她调动的脚步，她不能毁了这个形象，她得为自己和集体着想。

后来，她实在忍受不了无边的寂寞了，她就打了个请求调离的报告，领导也不知道出于什么原因把她的请调报告压下了。女孩很伤心。就在这时候，当地一个偷偷爱慕她的小伙子却送了她一盆植物，还说女兵就像是这一盆植物一般，美丽、顽强而令人倾心。女孩从来不知道会有人这样称赞自己，她心里很温暖。

后来每当她伤心孤单的时候，她就看看那盆植物，想想小伙子说的话，就这样她又在兵站待了一年多。一年之后，她的调令总算到了，但是，女孩子却拒绝离开，因为她已经深深爱上了那个地方，她愿意向那株植物一样在西部生根发芽。她给家人写了一封信，信中说："那个可爱的小伙子送给我一株温暖人心的植物，我愿意为着那温暖留下来……"

有时候人就是这般奇怪，会莫名地为一些小小的事情而感动，就好像是故事中的那个女兵，她之所以能够抛开寂寞的折磨，主要是因为那个小伙子对她的倾慕和爱。一株植物里饱含着小伙子的心意。人是世界上最容易动情的动物，我们不应该被世故和冷漠蒙蔽住自己的双眼，要知道，人与人之间除了明争暗斗、尔虞我诈之外，还有一种美好的东西叫做"感动"。

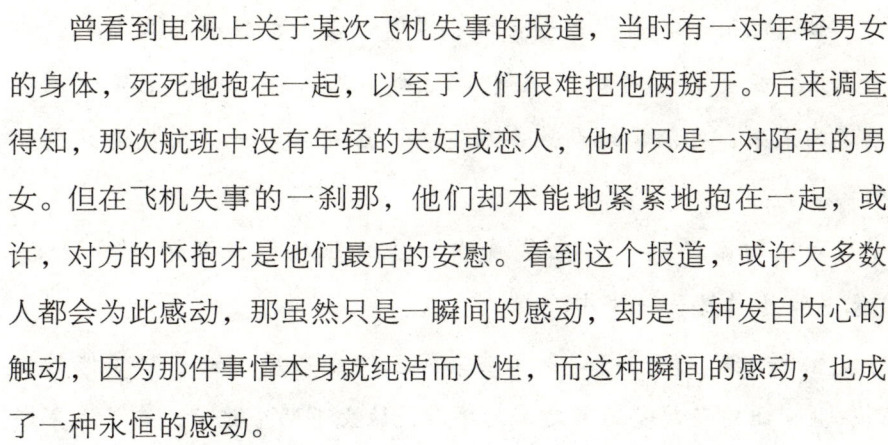

篇三 释然篇
体味幸福的甜美,描绘底线的温柔

曾看到电视上关于某次飞机失事的报道,当时有一对年轻男女的身体,死死地抱在一起,以至于人们很难把他俩掰开。后来调查得知,那次航班中没有年轻的夫妇或恋人,他们只是一对陌生的男女。但在飞机失事的一刹那,他们却本能地紧紧地抱在一起,或许,对方的怀抱才是他们最后的安慰。看到这个报道,或许大多数人都会为此感动,那虽然只是一瞬间的感动,却是一种发自内心的触动,因为那件事情本身就纯洁而人性,而这种瞬间的感动,也成了一种永恒的感动。

第三次约会,他郑重地向她提出请求:"下次见面,可不可以交换照相簿,互相看看对方成长过程中不同阶段的模样?"

男人的慎重要求和相对回应让她感动。下一次约会时,车子后座堆放了好几摞照相簿,都是他成长的纪念。她也不负所望,整理了几个纸袋的相簿赴约。

他们找了一家安静的咖啡馆,欣赏彼此的照相簿。看到对面这个人,从男孩变成男人的过程,她的心情很平静。倒是他在看相簿的过程中,惊叹连连:"哇!可爱的小天使。""天啊!这简直就是日本美少女嘛!""多冲洗一张给我。"

他发自内心的赞赏,令她重新看待自己成长的意义,就算是"情人眼里出西施"吧。

感动万分的她,不能免俗地问了一个很笨的问题:"我真的有那么可爱吗?""岂止是可爱,简直让我后悔,为什么没有在10年前就认识你!"他停顿了一会儿,"不过,我要求交换看照相簿,是想参与你的过去,从每一张照片的衣着、背景、人物及表情去了解你,以及你的家庭。"

给幸福——条最浅的底线

她想起某一本书上的一句话："你的过去，我来不及参与；你的未来，我要紧紧相依。"而眼前这个男人，不但积极地要和她携手迈向未来，也温柔地和她回顾过去，让她从另一个角度看见成长的意义。

送她回家的路上，他看着堆放着的照相簿，深情地对她说："像不像是'嫁妆一牛车'？"

莞尔一笑，她的内心多了些笃定。一年之后，她答应了他的求婚，共同组建了甜蜜的家庭。几年后，她生下两个孩子，自己也不断升官，成为高级主管。但这些成就对她而言，都不算什么。她觉得这几年来，自己做得最好的一件事，就是细心装订每一本照相簿。

将来，孩子长大以后，会碰见缘定一生的意中人，她要帮助他们和心爱的人分享每一段成长的痕迹。

她会对孩子说："一个愿意珍惜你过去的人，才会懂得用真心来爱你。"

他的真诚让曾经在青少年时期很不满意自己的她，脱去自卑的外衣，看到丑小鸭的尊严与价值。正是那份感动，才让他们最终携手组建了幸福美满的家庭，相伴相惜地走过生活的每一天。这种看似平淡的感动，触动着人们内心最柔软的神经，让人内心充满感激、充满爱，而正是这份爱，这份感动，让原本平淡的生活充满快乐和幸福。

幸福箴言

有些时候，隐藏在生活琐碎中的感动，往往显得很平淡、很普通，却又最能打动我们的心。总有人抱怨这世上可感动的事情越来越少，那是因为他们不愿意将自己的心放在生活中。只要我们静下心来想一想，用心去感触生活，那么就会发现，其实感动无时不在，无处不在。一瞬间的感动有时候就是一种永恒，足够让我们用一生的时光去品味。

5. 坦然让我们闻到生命的芳香

坦然是一种胸怀，一种直面失败的勇气，一种对生活处变不惊的诠释。人生不会尽如人意，生活往往会面临洪荒，欢笑也会凝固成悲伤，甚至梦想，也会折了翅膀……此时，我们选择用一颗坦然的心去接受一切，将失败、失意、痛苦和不幸，所有难忘的污浊与痛，所有无法抹去的伤痕与愁，全部隐藏在心灵最深处吧！让我们坦然面对生活的种种馈赠，正是这份坦然，让我们闻到生命的芳香，感受到生活的快乐和幸福。

坦然是一种对生活的态度，也是一种生活的艺术。生活中，我们常常会遇到不如意的事情，悲伤和痛苦有时候就像是魔鬼一样，将我们的生活搞得一团糟，而面对这一切，应该有一种坦然的胸怀去接受，不要怨叹命运的不公，也不要抱怨生活和自己开了一个玩笑。让我们冷静下来，坦然去面对，或许，事情并非我们想象的那么糟糕，凡事都有解决的办法，因为坦然，我们才不至于乱了手脚，也不会被愤怒和悲伤迷了双眼，这样才会看清问题的本真，完美地解决难题。

给*幸福*一条最浅的底线

生活中有了坦然，就少了许多抱怨和悔恨，多了许多快乐和幸福；生活中有了坦然，就会多一份面对困难的勇气和信息，生活也会多一份希望和憧憬。坦然让我们处变不惊，让我们淡定从容；坦然让我们重拾对生活的勇气，每走一步也更加踏实。

命运之神有一支金笔。

当一个人诞生在世界上，他会在一张纸上写下他的名字。

以后，每当这个人脸上出现一次笑容，他便用金笔在纸上画一个圈。

每当这个人使别人的脸上出现笑容，他便用金笔在纸上画两个圈。

命运之神还有一支银笔。

随着人渐渐长大，他的脸上也会出现哀伤痛苦的表情。

每当他悲伤一次，命运之神便用银笔在纸上画一个圈。

每当他使人悲伤一次，命运之神便会用银笔在纸上画两个圈。

当一个人完成了一生的旅途以后，这些金色和银色的圈圈会在他的灵魂梦土里开出花朵。金色的花朵能使灵魂安然沉睡，银色的花朵会摩擦出噪音，使灵魂辗转难眠。

某天，命运之神的朋友来找他，他看见桌上堆了满满的纸张。随手拿过一张，打开来看，却很惊讶地发现，一个人的纸上，画了满满的银色圈圈，而这个人却是一个喜剧演员。

"为什么这个逗笑许多人的人，却得到这么多的银圈圈呢？"

"因为他并不爱自己的表演。"命运之神回答。

朋友又拿过另一张纸，这张纸上，画了满满的金色圈圈，而这个人的职业却是个葬礼服务员。

篇三 释然篇
体味幸福的甜美，描绘底线的温柔

"为什么这个从事使别人感到痛苦伤心的工作的人，却得到这么多的金色圈圈呢？"

"因为即使困难，他依然圆满了自己的表演。"命运之神回答。

人生有太多不如意，不是每个人都能如愿以偿地过上自己想要的生活，每当现实与理想相悖之时，不要去怨叹命运不公，也不要自暴自弃，试着去适应自己所处的环境，去珍惜我们所拥有的一切，让心更加坦然，或许我们会活得更加轻松惬意，生活中也会有更多的快乐和幸福。

每个人都希望自己的生活能朝着自己所期望的方向发展，也希望快乐和幸福能常伴左右。然而，命运之神总是喜欢和我们开这样或那样的玩笑，让我们的生活无法沿着我们所期望的轨迹而运行，常常会偏离轨道，以至于烦恼和痛苦相伴而来，生活也因此布满陷阱笼罩着黑暗的迷雾。到底怎么样才能拨开笼罩着生活的迷雾，让我们拥抱快乐和幸福呢？其实，只要我们能坦然面对生活的每一天，笑看人生风云变化，将痛苦当作经验和教训，将烦恼当作生活的调味品，那么，生活中，快乐和幸福就会永远追随着我们。

幸福箴言

所有懂得生活真谛的人，都会坦然面对生活中的种种馈赠，不会因为失败而痛苦烦恼，不会因为失意而丧失对生活的自信和希望。不论生命给了我们什么，我们都能积极面对，坦然承受，哪怕明天就是生命的终点，面对死亡的威胁我们也会珍惜今天的拥有，坦然让生命中到处都有芳香，坦然让生活中多了几分快乐和幸福。

6. 在细节中收获成功的幸福

生活仿佛是由无数的琐碎所堆砌而成的摩天大厦,而每一天的点点滴滴就像是那一砖一瓦,它们布满着每一个角落,也支撑起了整个建筑。我们的一生,也就是由那一点一滴的琐碎构成,我们一直在拼凑着,试图拼凑一个比较完整的图案,但是又会有数不清的磨难和打击将那些图案冲碎。每个人都要经历自己所无法预料的挫折,我们无法逃避,只能承受,无法退缩,只能奋勇向前,而隐藏在琐碎中的每一次经历,都会让我们收获成功和幸福的喜悦。

我们的生活往往由无数的琐碎构筑而成,那些看似平凡而不经意的瞬间,经常被我们忽略,因为大多数人都喜欢追求一种伟大的成功,根本无视那不起眼的琐碎。殊不知,万丈高楼平地起,无数的琐碎串联起来,也会支撑起一座通向成功和幸福之路的桥。

生活中,我们总是对那些获得成功和幸福的人艳羡不已,因为成功和幸福总是让人们追求和梦想,试想,谁不想自己能够拥有成功,获得幸福快乐的生活呢?答案是肯定的,没有人不想得到成功和幸福,那么,究竟怎么样才能获得幸福和成功呢?其实,我们生活的每一天、每一个琐碎中,都隐藏着成功和幸福的玄机,就看我们有没有一颗善于发现的心。只要我们仔细地面对生活的每一个细节,从那无数个细节中找寻成功和幸福的踪影,那么,幸福和成功就在不远处向我们招手,我们又何尝找不到幸福,抓不住成功呢?

篇三　释然篇
体味幸福的甜美，描绘底线的温柔

瑞士一家造纸公司推出了一项新型卫生纸，看上去与普通卫生纸并无两样，它的广告语是："可以擦眼镜的卫生纸。"

这句看似平淡无奇的广告语，却包含着商家对消费者细致入微的关怀。

这家公司，在生产这款卫生纸之前，特地让所有员工暗中观察各自身边人使用卫生纸的情况，主要是了解人们在使用卫生纸过程中的非常规用途。

一个月之后，公司将所有的观察记录进行汇总，发现许多戴眼镜的人在日常生活中都有一个习惯，就是用卫生纸作为眼镜抹布使用。当然，这类人在全国总人口中的比例是很小的，因为在瑞士，戴眼镜的人不到总人口的三分之一，而调查结果显示：有用卫生纸作为眼镜抹布使用这一习惯的人在戴眼镜的人群中约占15%。按照这个比例算下来，绝对人口数量显然是非常庞大的。

我们知道，市面上的普通卫生纸比起眼镜抹布要粗糙一些，不宜用来擦眼镜。

于是，这家造纸公司决定针对这部分人，专门生产出可以擦眼镜的卫生纸。结果这种产品一经上市，立即赢得戴眼镜者的青睐。一时间，这家公司独占这一市场空白，赚得盆满钵满。

企业之所以成功，总有它胜出一筹的地方，有时候，赢得人心的并非大事情，相反却是细小的事情，只要能站在消费者的立场上，切实为消费者着想，将企业对大家的爱和关怀表达出来，不愁企业不成功。生活也是一样，我们若想取得成功，拥抱幸福，那么就不应该忽略身边的小事情，也不能漠视那些生活中的琐碎。只要我们能用心去面对每一个细节和琐碎，相信，总会在那些细节和琐

给*幸福*一条最浅的底线

碎中找到幸福的踪影，寻到成功的痕迹。

有时候，成功和幸福往往藏在细节和生活琐碎中，只有认真做好细节和琐碎，在面对大事情的时候才不至于乱了方寸，假如连那些小事情都做不好，又何谈去做大事情。因此，生活中，我们不要忽略那些生活细节和琐碎，让我们在细节和琐碎中不断磨炼意志、耐心，让细节和琐碎成就我们的人生。那么，幸福和成功，也会不期而至。

有一次，诗人林先生来到日本一家餐馆，要了一份他感兴趣的汤。入座不久，服务生将一大盆汤放在他面前。

他一愣，问服务生："这么大的一盆汤，我能喝得了吗？"服务生理直气壮地回答："你没说明是要一小碗汤呀！"他一时语塞，匆匆喝了几口汤，心里感到不是滋味，便按一大盆汤的价格付了钱后拂袖而去。

后来，他又到一家料理店，要了一份同样的汤，也没有说是一大盆还是一小碗。不一会儿，服务生给他端来一小碗汤，并说："如果不够，可再来一碗。"他只喝了一小碗，当然只付了小碗汤的钱。再后来，他每次去日本，都要到那家料理店用餐，包括喝他感兴趣的汤。

看似普通得不能再普通的一碗汤里面也透露玄机，在这一碗汤里面也能看出经营者的细心程度和对顾客的关心程度，正是这份对顾客的细心和关心，才真正了解到了顾客的需要，才更加准确地给予顾客周到的服务与真正的方便，这不仅是一个经营者所必须具备的才能，也是他们制胜的法宝，这家餐馆取得成功将变成一种必然。

篇三 释然篇
体味幸福的甜美，描绘底线的温柔

所以不要去忽略任何一件小事，也不要去忽略任何一个细节，更不要漠视生活中的琐碎，因为那里面可能会蕴含着真正的财富，暗藏着成功的踪影。

<幸福箴言>

隐藏在生活琐碎中的成功痕迹，经常被我们所忽视，因此，我们总是和成功擦肩而过。只有那些注意到生活细节和琐碎的人，才不会忽略掉任何一次有可能找寻到成功的机会，才会紧紧抓住每一次机会，从而获得成功。

7. 看淡成败，学会在过程中体味乐趣

每个人的命运都握在自己手里，每个人也都有追求成功和幸福的权利，而且，每个人成功与否，主控权仍然操纵在自己手里。我们在追求成功和幸福的过程中，经常会遇到各种苦难和阻碍，失败也犹如刮风下雨一般稀松平常。然而，面对每一次失败的打击，和每一次困难和挫折的阻挠，我们都不能退缩，要迎难而上，更不能盲目索取，要懂得用理智和智慧，当然，也不能因此而丧失对生活的自信和希望，应该看淡成败，学会在过程中体味乐趣。

面对失败，能够坦然从容，并能看淡成败，学会在过程中体味乐趣，这是一种生活的艺术。生活中，成败就像吃饭穿衣一般司空见惯，几乎每天每时每刻都在发生。面对成败，我们都应该坦然，

给幸福一条最浅的底线

不要因为成功而骄傲自满,从此目中无人,唯我独尊,也不要因为失败而灰心失望,从此郁郁寡欢,看破红尘俗世,自暴自弃,这两种情况都不是生活智者的表现。

究竟如何才能做到看淡成败,学会在过程中体味乐趣呢?其实,只要我们不要太在意生活中的成败得失,将失败当作教训,当作历练,当作经验,在失败中不断总结,不断反省,不断超越自我,将成功当成一种激励,当成奖励,当成一种最普通的生活状态,学会在成功中进步,在成功中冷静淡然,那么,享受成败之中隐含的各种乐趣,也是一种对幸福人生的诠释。

1985年2月5日,一个孩子意外地降生了。对于一个已有3个孩子的贫困家庭而言,他是不期而至的,如同累赘。他的母亲身体欠佳,经常生病;他的父亲在一家足球俱乐部做花匠,是这个家庭的唯一支柱。

花匠父亲不懂足球,但在俱乐部耳濡目染,居然对足球产生了兴趣。这也影响了年幼的他,他一直梦想能有一只属于自己的足球。终于,在他10岁生日那天,他得到了梦寐以求的礼物——一只磨得起了毛的旧足球。那是俱乐部球员送给花匠父亲的,他们熟悉花匠的球迷儿子。球员们打趣说:"告诉你儿子,这是上帝的礼物!"

那个旧足球让他爱不释手,渐渐地,他开始学会变着花样地带球过人。

他的表现引起了当地国民俱乐部的注意,国民队接收了这个有些特别的孩子。当时的球队教练门东卡回忆说:"他是我见过的最出色的年轻球员,我甚至无法相信他的球技。那时候我们经常能赢

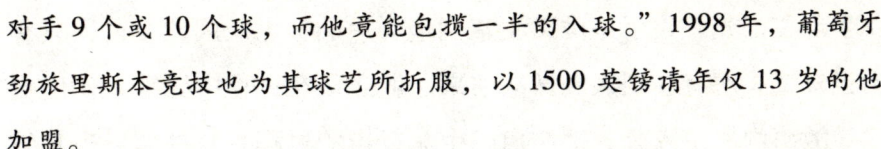

对手9个或10个球,而他竟能包揽一半的入球。"1998年,葡萄牙劲旅里斯本竞技也为其球艺所折服,以1500英镑请年仅13岁的他加盟。

在加盟里斯本竞技少年队最初的几个月,他的乡下口音成为同伴们的笑柄,更糟糕的是,由于个子长得太快,动作"花哨",他险些被踢出球队!

但上帝终究垂青强者。凭借那份不服输的劲头和斗志,他前后数次入选国家队。2003年8月,他以1224万英镑的身价从里斯本竞技转会英超曼联。几年征战绿茵,他为所效力的曼联队摘取过足总联赛冠军、英超联赛冠军、欧洲冠军杯冠军、世俱杯冠军。而他个人则荣膺了一个球员所能获得的几乎所有荣誉:英超联赛最佳射手、欧洲冠军联赛最佳射手、欧洲金靴奖、欧洲金球奖……

他就是——克里斯蒂亚诺·罗纳尔多,人们习惯叫他"小小罗"。2009年1月12日,在瑞士苏黎世歌剧院举行的第18届国际足联颁奖大典中,克里斯蒂亚诺·罗纳尔多从贝利手中捧起了"2008年度世界足球先生"的奖杯,从而实现了个人年度奖项大满贯。

多年来,他顶住了许多的非议和打击。"除了出色的球技外,他还有一颗勇敢的心,这正是伟大球员的标志。"曼联主教练弗格森如此评价。获奖后的克里斯蒂亚诺·罗纳尔多给家里打电话报告这个喜讯时,他父亲却竭力平静地说:"孩子,你得到了你想要的一切,这是上帝的礼物!你奋斗过了,上帝不会抛弃你。"

上帝不会抛弃任何一个人,通常抛弃我们的是自己。一颗勇敢不服输,并且积极向上的心,比什么都要珍贵。我们只看到了罗纳

给幸福一条最浅的底线

尔多现在的光辉，可是谁又注意到他背后的努力。因此，过程只有自己知道，想有让别人赞赏的结果，就必须在过程中比别人付出更多。故事中的主人公，他在自己生命行走的过程中，并非只奔着结果，而是让自己每天都处于努力的状态下，让每一天都充实，最终，他取得了成功。

生命本来就是一个自然的过程，所以对于那些自然的事情我们也无须刻意去改变，存在即是合理。在我们的生活与工作中，不要因为别人的一两句话、一个赞扬或一个批评就改变自己的习惯及做事做人的方式，我们要学会坚持自己的原则，循着自己的梦想，从而努力去做，看淡生活中的成败得失，学会在过程中体味乐趣。

幸福箴言

看淡成败，学会在过程中体味乐趣，将生命行走的过程当成一种自然，坦然面对途中遭遇的种种成败得失，不论痛苦、悲伤、欢乐、幸福，那都是生命赐予我们最珍贵的礼物，我们不能逃避，不能退却，只能接受。在痛苦悲伤的时候记得人生永远不会一败涂地，总有希望在远方招手，用自信去迎接挑战，战胜困难，最终找到属于自己的成功和幸福。在快乐幸福的时候，也不要因此而骄傲自满，要懂得善待生活，感恩生活，让自己的每一天都过得更加充实，更加无怨无悔。

8. 昂起头走路，更能领略生活的美好

昂起头走路，看似很简单的动作，却隐藏着积极乐观的人生态度，犹如蓓蕾初绽，善良和真诚，将在那一举一动之间荡漾着让人感动的芳香。而昂起头的那一刻，不论我们长得美或者丑，都让我们对生活充满自信和希望，让我们面对困难和痛苦，不惧不畏，依旧大踏步地跨越而过。昂起头来，让我们以神采飞扬的姿态行走在人生路上，昂起头来，也是一种人生态度，一种对生命、对生活、对自己的爱！

生活中，总有一些人因为种种原因而失去对自己的自信和对生活的信心，以至于连走路都不愿意昂起头来，他们无法正视眼前的一切，失去对生活的勇气，甚至拒绝别人的帮助，他们将自己关闭在自卑的牢狱之中，无法感受生活中的各种美好，也无法体味幸福和快乐。其实，生活中有不如意的事情，人生时常有悲也有喜，悲喜就像是一对孪生姐妹，它们相伴相随。因此，要看淡那些成败得失，要学会一种"不以物喜，不以己悲"的品质，敢于正视生活中的一切，敢于正视所有的人，也敢于正视自己。

昂起头走路，是一种对生活自信的表现，不论何时，只要我们昂起头来，会有更大的信心去面对生活，正视生命中的一切。而昂起头来走路，让我们在人生路上走得更加顺畅，更加坦然，更能领略生活的美好。

给**幸福**一条最浅的底线

　　珍妮是个总喜欢低着头的小女孩，她一直觉得自己长得不够漂亮。有一天，她到饰物店去买了只绿色蝴蝶结，店主不断赞美她戴上蝴蝶结很漂亮。珍妮虽不信，但是挺高兴，不由昂起了头。因为急于让大家看看，珍妮出门时与人撞了一下都没在意。

　　珍妮走进教室，迎面碰上了她的老师，"珍妮，你昂起头来真美！"老师爱抚地拍拍她的肩说。

　　那一天，她得到了许多人的赞美。她想一定是蝴蝶结的功劳，可往镜前一照，头上根本就没有蝴蝶结，一定是出饰物店时与人一碰弄丢了。

　　自信原本就是一种美丽，但很多人却因为太在意外表而失去很多快乐。外表的美丽是肤浅的，真正成就美丽的是内心潜藏着的自信，不要因为那肤浅的美丽而失去该有的快乐。昂起头来走路，让自己的眼睛正视一切，面对一切，我们就会发现，生活中，不论有什么困难和烦恼、艰辛和苦难，只要我们充满自信，拥有一颗不服输的心，就不会被生活累倒，也不会被生活压垮。昂起头走路，用百倍的信心去面对生活、正视生活，就会领略到生活的种种美好，也会体味到幸福的甜美。

　　生活中，有些人总是能拥有快乐和幸福，而有些人总是愁眉苦脸。其实，我们生活得快乐、幸福还是痛苦、悲伤，都由我们自己的心态决定。大多时候，选择一种心态，也就是选择了一种生活。自信的人，面对生活的种种苦难，都能拥有一颗乐观积极的心，能够昂起头走路，克服种种困难，最终拥抱快乐和幸福；而缺乏自信的人，面对种种磨难，只会采用一种消极避世的态度，躲避一切，不敢正视一切，以至于无法昂起头走路，当然，幸福女神也不会眷

篇三 释然篇
体味幸福的甜美，描绘底线的温柔

顾这样的人，他们的一生，只能和痛苦自卑相伴。

美国总统尼克松是一个鼎鼎大名的人，却因为一个缺乏自信的错误而毁掉了自己的政治前程。

那是1972年，尼克松竞选连任。由于他在第一任期内政绩斐然，所以大多数政治评论家都预言在这次竞选中，尼克松一定能够以绝对优势获得胜利。

然而，出乎意料的是尼克松本人却很不自信，他走不出过去几次失败的心理阴影，极度担心再次出现失败。在这种潜意识的驱使下，他鬼使神差地干出了让他后悔终生的事。他指派手下的人潜入竞选对手总部所在的水门饭店，在对手的办公室里安装了窃听器。事发之后，他又连连阻止调查，推卸责任，于是在选举胜利后不久便被迫辞职了。本来稳操胜券的尼克松，因缺乏自信而导致惨败。

对于尼克松来说，这确实是一个不可原谅的错误。但是我们也可以看出，尼克松之所以干出这种事情，主要是他不自信，他不相信自己能够再次成功。有些人总是会陷入一些过去的失败中无法自拔，进而做任何事情的时候都缺乏自信，那是因为他并不了解自己，自信是建立在完全了解自己的基础上的，是一种发自内心的对自己的肯定。一个人要想成功或者有所作为，自信是必不可缺的。

快乐还是忧伤，自信还是自卑，自然有各种各样的现实原因，但最根本的原因只有一个：我们的心态。在生活中，总会有坎坷、跌撞，自信的人在坎坷中看到希望，而缺乏自信的人在坎坷中总是看到失望。希望与失望，只是一字之差，一线之间，重要的是看我们怎么选择。当然，缺乏自信的人，将永远低着头，他们的眼中，永远没有希望，只有失望紧紧追随，而快乐和幸福，永远只藏在他

给**幸福**一条最浅的底线

们身后。相反，满怀自信的人，他们愿意高高昂着头去追逐眼前希望的曙光，最终获得快乐和幸福，享受着生命中点点滴滴的美好。

幸福箴言

不论我们以何种姿态生活，都不能失去信心。而那些对待生活乐观的人，不会因为生活中的一些烦恼或者困难而丧失对人生的希望和自信，无论何时，都应该昂起头来走路，昂起头来迎接生命中的狂风暴雨，昂起头来欣赏风雨过后的阳光彩虹。而快乐和幸福，也会在昂起头走路的那一刻悄然而至。

第八章　伸展双翅，让生活载着爱自由翱翔

　　爱，总是永恒而持久地被传颂、歌唱着。的确，爱是生活中最美好的情感，没有爱，这世界将一片荒芜，没有爱，亲情将失色，爱情将成为埋葬情感的坟墓，友情也会因为缺乏滋润而干涸，而人与人之间，也许会充斥着仇恨和怨叹……

　　生活需要爱，只有爱可以让人们丢掉冷淡，卸去包裹在自己外表的那层保护色，真正享受到人生的乐趣，感受到人与人之间的温暖。爱并不是简单地索取，拥有爱的心灵是纯净的，含着爱的承诺是美好可信的。爱可以让我们的生活更丰满，让我们更能体会到人生的真谛，感知人生的滋味。伸展双翅，描绘出幸福的底线，体味生活的甜美，让我们的生活承载着爱自由翱翔。

1. 用爱经营，给心灵一个春天

　　爱总是因为付出、真挚、谅解而更加善美和珍贵，也因此在人们之间传递、表达、倾诉。带着爱去经营我们的生活，给心灵一个

给幸福一条最浅的底线

春天。爱总是如此耀眼而灿烂地熏染着我们，它有时候就像画中微笑的女人，那么美，那么善，却那么遥不可及，而它有时候，却又真实、简单得犹如一件棉衣、一块面包、一个微笑、一个拥抱，但谁又能否定，那不是人间至真至纯的爱呢？

面对生活中的种种痛苦、磨难，很多时候，都会让人感觉到悲观、绝望，仿佛生命也随着枯萎，再也追觅不到幸福的尺度。鲁迅曾说："哀莫大于心死。"其实，生命中，最大的悲哀的确是因为心灵的死寂，只要唤醒心灵，一切都有希望。而爱，可以抚平心灵的创伤，让原本死去的灵魂起死回生。

有人说：用爱经营，给心灵一个春天。心灵的春天，让我们看到生机勃发的希望之光，因为春天是播种希望的季节，让我们对生活重新拥有信心，信心让我们重新捡起对生命的憧憬和希冀。有了憧憬和希冀，才能用心去生活，才能有心去勾勒人生幸福的细枝末节，才能真正拥有幸福。

在法国南部马尔蒂夫的小镇上，有一位名叫希克力的男孩。在他16岁那年，与他相依为命的父亲不幸患上了一种罕见的肺病。希克力陪同父亲辗转各大医院，医生们都束手无策，只是建议说："如果病人能生活在空气新鲜的大森林里，改善呼吸环境，或许会有一线生机。"但这到底有多少希望，他们也不清楚。

遗憾的是，希克力的父亲身体已经非常虚弱，无法忍受长途旅行去有森林的地方生活。看着父亲的病越来越重，希克力心急如焚。突然，他灵机一动："我为什么不自己种植一些树呢？等这些树长大了，也许父亲的病就真的好起来了。"

父亲听说儿子要为自己种树后，很是感动，但却苦笑着对希克

篇三 释然篇
体味幸福的甜美，描绘底线的温柔

力说："我们这里缺少水源，气候干燥，土壤贫瘠，让一棵树存活谈何容易？还是算了吧！"但希克力还是暗暗下定决心，一定要在自家门前种出一片茂密的树林来，因为这是唯一能让父亲的生命得以延续的方式。此后，希克力攒下父亲给他的每一分零花钱，有时早餐都舍不得吃，周末他还会到镇上去卖报纸和做些小工。攒了一些钱后，希克力就乘车到200多英里外去买树苗。店老板杰斐逊劝他不要做无用功，因为小镇的自然条件恶劣，树木很难成活，以前也有人尝试过，但都失败了。可是当杰斐逊得知希克力买树苗是为了拯救父亲的生命时，他被深深地感动了。此后，他卖给希克力的树苗常常收半价，有时还会送给他一些容易成活的树苗，并教给他一些栽培知识。

希克力在自家门前挖坑栽培、吃力地提着一桶桶水灌溉树苗。由于当地干旱少雨，土壤缺乏养分，大部分树苗种下后很快就干枯死去了，侥幸活下来的几株也显得营养不良，长得歪扭瘦小。镇上的很多人都劝希克力放弃这个"愚蠢"的想法，但他都笑而置之。每天早晨，希克力起床的第一件事就是去看看树苗有没有枯死、长高了多少。

有一天深夜，突然下起了冰雹。当希克力手忙脚乱地搭起帐篷时，小树苗已被冰雹砸倒了一大半。虽然如此，一年下来，他最初栽下的100多株树苗还是成活了43株。

此时的希克力已经高中毕业了，但为了照顾父亲，他主动放弃了上大学的机会。有的人说希克力神经错乱，有的人说他太迂腐，为了一个即将死去的人耽误自己的前途，更没有人相信这些跟人差不多高的植物能够挽救一个连医生都治不好的病人。希克力从不把

给 *幸福* 一条最浅的底线

这些流言飞语放在心上，只是一如既往地种着树苗。

一年又一年过去了，希克力种的树苗越来越多，许多树苗已渐渐长高长粗。希克力经常搀扶着父亲去散发着草木清香的树林里散步，老人的脸上也渐渐有了红润，咳嗽比以前少多了，体质大为增强。

此时，再也没有人讥笑希克力是疯子了，因为所有居民都亲眼目睹了绿色的树木的魔力，树林带来了新鲜的空气，引来了歌唱的小鸟，小镇变得越来越美丽了。

希克力种树拯救父亲生命的故事在巴黎国际电视台第六频道播出后，不少媒体纷纷转播。许多人被希克力的孝顺、爱心和挑战自然的勇气，以及不屈不挠的精神感动得热泪盈眶。一些绝症患者还向希克力索要树叶，说那象征着生命的绿色。

小镇的人也纷纷投入到种树的行动中，树林越来越多，面积扩大到了数百公顷，放眼望去，小镇四周都是绿色的屏障。

2004年，39岁的希克力被巴黎《时尚之都》杂志评为法国最健康、最孝顺的男人。令希克力欣喜万分的还不止这些，2005年初，经过医学专家对希克力父亲的再次诊治，发现老人肺部的病灶已经不可思议地消失了，他的肺部如同正常人一样。

医生感慨地说："在这个世界上，爱是最神奇的力量，有时它比任何先进的医疗手段都有效！"是呀，只要心中有爱，无论在多么贫瘠的土壤里，都能长出最粗壮的树木。

故事中的男孩子，因为太爱自己的父亲，而为他种下一片树林，也因此让父亲有了活下去的希望，最终拯救了自己的父亲。这就是爱的力量，它往往可以战胜许多困难、病魔。其实，生活中，

篇三 释然篇
体味幸福的甜美，描绘底线的温柔

只要有爱，就无所畏惧一切东西，懂得用爱经营生活，给心灵一个春天，心有活力，一切皆有希望，而有爱的人生，也会有更多的机会去拥抱幸福。

━━━━━━━━ 幸福箴言 ━━━━━━━━

为爱种一片树林，用爱经营，给心灵一个春天。其实这就意味着给生命一个希望，希望永远是人们活下去的动力，即使现实很残酷，但我们要有希望支撑下去。任何时候，只要心存有爱，就会懂得珍惜身边的一切。很多时候很多事情往往不遂人愿，只要我们心中有爱，心存希望，就没有什么可以阻挡我们追觅幸福的脚步。

2. 爱是带着翅膀的天使

天使总给我们美好而祥和的感觉，人们也经常喜欢将美好的事物比做天使，而爱，作为生命中最美好的东西，当然也是带着翅膀的天使。生命中因为有了爱，心灵才会随着爱飞扬，找到梦想栖息的地方，载着梦想拥抱快乐和幸福，而生活中因为有了爱，烦恼和痛苦都化为云淡风轻。爱带着我们飞翔，跨越千山万水，找到梦想的故乡，那里没有烦恼，没有痛苦，也没有尘世中恶俗的一切，那里只有祥和、美好、幸福和快乐。

生活中，因为有了爱，才有了太多美好的东西，善良、感恩、理解、谦让，等等，这些美好的因素串联起来，构筑了世界的美

给幸福一条最浅的底线

好,而人生,也因此变得更加美好和谐。爱就是那带着翅膀的天使,它载着希望、梦想、自信、爱心等美丽的种子洒向人间,让我们的世界少了许多烦恼、灾难、痛苦和绝望,等等,破坏我们美好生活的因子,因此,让我们学会爱,善待爱,试着每天去拥抱爱。

那一年的冬天,他们不得不面对突如其来的经济变化。他的事业几乎一败涂地。

他们不得不搬出豪华温暖的公寓,在市郊另租了一间简陋的房子。房内阴冷潮湿,一如他们当时的心情。

他对她说:"相信我,会好起来的!"她信。

白天,他在外面疲于奔命,有时一整天也不打一个电话回来。她理解他,知道他在外面所做的一切都是为了他们的将来。

晚上回到家大部分时间里,他总是一个人坐在计算机前查数据、整理信息、给客户打电话,然后昏昏地睡去。

他很少和她闲聊。

她理解他,知道他很累,需要休息。

但不管怎么累,他都要天天洗澡,那是他多年养成的习惯。浴室里只有简陋的沐浴,这让她很怀念那套曾经温馨的豪宅。

想起以前的日子,她有些伤心,因为她突然发现他不在乎她了。

不再对她嘘寒问暖,这从洗澡这件事上就能看出来。

在以前,他总是让她先洗,他自己却留着一身臭汗在客厅或者书房里,直到她洗完。这样的体贴曾令她自豪和感动。

可是现在,他总是要先洗。每当她要走进浴室的时候,他就会突然说:"我先来吧!"

篇三 释然篇
体味幸福的甜美，描绘底线的温柔

然后她便听见浴室里哗哗的水声，生活的艰难磨去了他的绅士风度，改变了他们的相敬如宾，更削减了他对她的爱恋，她想他为什么不能继续让着她呢？

这是不是说明他已经不再爱她了？

后来有一天，她终于忍不住了，问他为什么。他愣了半天说，在外面跑了一天，一身的臭汗不舒服，所以急着冲一下。

她几乎绝望了。他终于不再疼她了！她不仅仅失去了以前那栋豪宅，并且正在失去丈夫的爱情。

那一天，和原先一样，他出去了。她百无聊赖，打开了他的计算机。她惊奇地发现他竟然天天在计算机上写日记！

她慢慢地读着、读着，然后眼泪汩汩流下来。

她看到这样一段文字：今天她问我为什么总是要抢在她前面洗澡？

我没有说实话，我怕她为我难过，浴室很冷。

但我知道，在沐浴完以后，那里面的温度会升高一点点，3度、2度或者1度。

我想，那样的话，她在洗澡的时候该会暖和一些吧？在这段艰苦和寒冷的日子里，我想，我至少还能送给她这1度的温暖吧！

没有豪华的物质享受，没有顺遂的世事人情，甚至没有温暖的房间，但是为了一度的温暖，默默付出，甘愿受苦，平凡而伟大的爱情终会创造出奇迹。故事中丈夫对妻子细微的关心，如同一缕清风沁人心脾，在艰苦的岁月中，相依为命，支撑着他们继续走下去的是那份真挚的爱。因此，珍惜自己爱的人和爱自己的人吧，这样的人生才会没有遗憾。

给**幸福**一条最浅的底线

生命中正是有了爱，有了自己爱的人和爱自己的人，才让我们面对一切时，有一如既往的勇气和信心，能够面对任何苦难而不惧不畏，自信乐观地走下去，而生活中，总是因为有了爱才变得有滋有味，面对平淡的生活，依旧能微笑着。让爱载着我们去寻找希望和梦想，最终找到我们梦寐以求的快乐和幸福。

幸福箴言

留在我们心中的真爱，才是让自己快乐的源泉。爱有时候真的是带着翅膀的天使，它能伸展双翅，载着快乐自由飞翔。生活中，我们不仅要学会承受爱，也要学会给予爱，因为只有爱，才能当我们面对不尽人意的生活之时，依旧保持乐观和自信，依旧坚强地走下去，去寻找生命中真正的快乐和幸福。而生命中，正因为有了爱，才让我们真切体味到人生的乐趣和意义，爱让我们保持生命原始的纯真，让我们自由、快乐地生活，充满自信和希望地拥抱幸福。

3. 信任让我们找到彼此的归属

人与人相处，最难能可贵的是做到彼此信任。信任让人与人之间多了一份理解，少了许多误会，信任可以给彼此带来力量，也是彼此之间一种无言的承诺。所以，生命中，不能缺少信任，信任就像维系人与人之间的纽带，只有纽带系的牢固，我们的心也就更加

篇三 释然篇
体味幸福的甜美，描绘底线的温柔

满足，而我们的感情也才会更牢靠。而信任的纽带，让我们彼此找到归属，有归属的人生，幸福也会更加贴近。

在我们的生活中，假如有了亲人的信任，我们就会感觉到世界的温暖和爱，会有一种家的归属感；有了爱人的信任，就会感觉到爱的美好，幸福的可贵；有了朋友的信任，我们也就能感觉到他们对我们的肯定与支持。信任，让原本紧张的关系变得缓和，信任，让爱一点点融入进去，让温暖和安全凸现。

然而，并非所有的信任都是无条件的，我们知道，人与人之间，盲目的信任并不可取，彼此信任应该是一种来自心灵深处的认可。所以说，如果缺少了彼此之间的真诚，缺少了彼此之间的了解，那么信任也就无从谈起。真诚是信任的基础，也是建立信任的最主要的前提条件，所以想让别人信任自己，那么永远也不要忘记自己的真诚。

大约在公元前4世纪，意大利有个叫皮斯的年轻人，因为无意中冒犯了国王，被判绞刑，决定在将来的某一个日子里执行。皮斯是一个孝子，在临死之前，他希望能与远在千里之外的母亲见最后一面，以表达他对母亲的歉意，因为他不能为母亲养老送终了。

他的这一要求被有心人告知了国王。国王感念他孝心可嘉，于是同意皮斯回家与母亲相见，但有一个条件：那就是必须找到一个人来替他坐牢，否则他的愿望只能化为泡影。这是一个看似简单其实近乎不可能实现的条件。有谁愿意冒着被杀头的危险替他人坐牢，只有傻子才会做这种事情。但是确实就有这么一个"傻子"出现了，他愿意替皮斯坐牢，这个人就是皮斯的朋友阿尔。

阿尔进入牢房以后，皮斯就立刻赶回家与母亲诀别。人们都静

给*幸福*一条最浅的底线

静地关注着事态的发展。时光如梭，眼看行刑的日子就要到了，但是还没有皮斯的身影。一时之间，人们议论纷纷，都说阿尔上了皮斯的当了，皮斯肯定是逃跑了。而阿尔依然安心地待在牢里，照样吃吃睡睡，一点担心的样子也没有。

行刑那天，天上下着大雨，当阿尔被押赴刑场的途中，有很多围观的人都在笑他愚蠢，等着看他笑话的人更是数不胜数。但是刑车上的阿尔，不但面无惧色，反而有一种慷慨赴死的豪情。追魂炮被点燃了，绞索也已经挂在了阿尔的脖子上。有一些胆小的人早已吓得紧闭双眼，他们在内心深处为阿尔深深地惋惜，并不断咒骂着那个出卖朋友的小人皮斯。但是，就在这千钧一发之际，皮斯顶着风雨飞奔而来，他高声喊道："等一等！我回来了！我回来了！"

这真正是人世间最感人的一幕。所有的人都齐声高喊起来，刽子手甚至以为自己身在梦中。消息传到了国王的耳中，国王将信将疑地急急赶赴刑场。最终，国王被两个人之间的友情所感动，亲自为阿尔松了绑，并当场赦免了皮斯的罪行。

这就是朋友之间的信任。即使是顶替赶赴刑场，也在所不辞，就是因为信任自己的朋友，阿尔才会毫不犹豫地冒着生命的危险顶替皮斯，让他最后见一下自己的母亲；也是因为朋友之间的信任，即使是最后追魂炮被点燃，绞索已经挂在阿尔的脖子上，他也没有任何的畏惧，却只有慷慨赴死的豪情。这就是真正的朋友之间的信任，无关生死，无关个人的利益，有的只是心灵上的支持。

有了信任，人与人之间才能相知，才能打开彼此紧闭的心扉，才能拿下蒙在脸上的面纱，才能坦诚面对彼此的长处短处，才能共同面对生活中的波折痛苦，承担生命中的风雨洗礼，才能相互扶持,走向明天,才能不离不弃,永远相守。因此,人与人相处,不要轻易说什么山盟海誓,也不要一味地去强调自己是如何的心诚意切,更不要去辛辛苦苦地找寻延续情谊的灵丹妙药。要知道人与人相处,其实很简单,那就是彼此信任,信任是对人际关系最好的诠释,也是最好的承诺,更是最为牢靠的保障,因为有了信任,让人们彼此找到了归属。

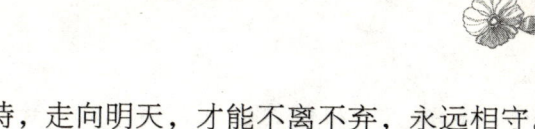

人活在这个世界上,不是孤独的存在,需要亲情、友情、爱情来维系。但是不论是哪一种感情,如果缺少了彼此的信任,就都会很难持续下去多少的诺言、多少的承诺,都会被怀疑这剂毒药所腐蚀、所侵害,最终变形,直至消失。所以,要想维护好一段感情,就必须学会彼此信任,因为只有相互信任,才能承受住风吹雨打,才能够渡过重重的难关,最后长长久久,因此而追觅到幸福生活,拥抱幸福生活。

4. 不要让金钱成为婚姻的砝码

许多时候,爱并非我们所想象的那么复杂,其实,爱真的十分简单,只是一种心灵的产物,又非常纯粹,不需要任何手段以及物质的东西去装点。因此,更多时候,也不要为爱附加那么多的"外衣",懂得还原它,我们才会真正拥有它。而婚姻,作为爱的产物,

给**幸福**一条最浅的底线

它也应该是纯粹的,是两个人相知相惜相伴的佐证,而不应该让婚姻成为任何东西的奴仆,也千万不要让金钱成为婚姻的砝码。

婚姻是两个人相爱的一种表现形式,任何方式的爱情,到了最终,假如不能以婚姻作为终结,都将不是最完美的表现形式。或许有人会说,得不到的才是最美好的,其实,那大多时候只是人为了失去的爱情而做的苍白的自我辩解。大多数人,之所以爱一个人,都是希望能够和对方长相厮守,相伴终身,而那些生活中我们随处可见的游戏爱情,当然不在范畴之内,因为那样的爱情,有时候只是一场游戏,并非真正意义上的爱情,当然,也不会以婚姻的形式去表现。

金钱作为我们生命中必不可少的东西,它对我们的生活起着尤为重要的作用,然而,有些人让金钱作为婚姻的砝码。有时候,有些人谈婚论嫁,首先要考虑对方的经济基础,是不是有房有车,是不是能得到物质上的享受,这样一来,让原本美好的爱情,变得不再纯粹。不再纯粹的爱情,让人真假难辨,在这种形式下产生的婚姻,也不会幸福到哪里去。

杨轩那时还年轻,潇洒俊朗,干练多金,具备一切成功男人的条件,身边美女如云。公司的招聘会上,他看到孙洁,纤细、长发、齐眉刘海,站在惶惶的人群中恬静淡然。第一眼,便令他觉得石破天惊。后来,孙洁进了公司,杨轩关注她,知道她有一个尚未确定关系的憨头憨脑的老乡男友。

杨轩开始约会孙洁,用极尽奢华的细致的方式。为她挑选全身上下、从内到外的名牌服装,带她去他喜欢的发型设计室,参加各种高档的party。她小心翼翼地学习着,他看她一天天精致起来,满

篇三　释然篇
体味幸福的甜美，描绘底线的温柔

心地欢喜。

孙洁生病了，住进医院。因为忙着公司的事情，杨轩在花店订了娇艳的玫瑰，每天一束，每天一种色彩；高薪聘了专业护理员，交代了每天必备的参汤。他抽出空，抱着大盒的德芙巧克力去看她，出来的时候正好碰到那个憨头憨脑的老乡在怀里焐着一个小煲进去。杨轩站在门口，看孙洁打开来，只是一碗她家乡特色的米线。他摇头叹息，心里充满对这男生的怜悯。

孙洁出院了，却提出分手，离开公司。这个时候杨轩依然是炙手可热的钻石王老五，身边围绕着各色的女人，他不甘心，却高傲于"大男人何患无妻"，于是装作潇洒地挥挥手。后来的后来，他开始同许多的女人约会，她们美丽妖娆，高贵大方，他却再也没有石破天惊的心动。

许多年后，杨轩偶然在街上遇到孙洁，还有那个憨憨的男生，手牵着手。她依然安详恬静，表情中带着满足，时光没有留下一点痕迹。杨轩问孙洁离开的原因，仅仅是因为那碗米线？孙洁笑：我只是个平凡的女子，只要一点点真实的怜爱和可依靠的切肤之暖。

其实，更多时候，爱情不需要太多的物质、虚荣，要的是互相的陪伴、依赖、温暖。即使我们拥有了全世界的财富，拥有无上的权势、地位，但在我们爱人面前仅仅是一个依靠、一个温暖的感觉。爱人不需要太多太多的物质和虚荣，只要我们的一颗真心和发自内心深处的关怀和呵护。就像故事中的孙洁，她之所以放弃钻石王老五的杨轩，而选择那位给她端来米线的憨憨的男友，就是因为她懂得，两个人的爱情，一份温暖、一点点真实的怜爱和可依靠的

给幸福一条最浅的底线

切肤之暖，远远比虚荣的物质更加实在和可贵。

而两个人的婚姻里面，唯有爱才是最重要最值得在乎的东西，有了爱，就会有了相依相伴一起奋斗下去的勇气和信心；有了爱，只要两个人相互依靠，相互支持，又何愁赚不来钱，过不上希望的幸福生活呢？再说，金钱虽然能买来很多东西，但却买不来真爱，也买不来幸福和快乐，因此，不要让我们的爱情掺杂那些纯物质的东西，爱就是爱，和金钱无关，也不要让金钱成为婚姻的砝码。我们每个人谈婚论嫁，都本着自己内心深处最真实的感受，以爱作为尺度，让自己的婚姻不掺杂任何杂质，那么，我们的婚姻生活才会有快乐和幸福可言。而那些建立在其他物质条件基础上的婚姻，最终都不会长久，也不会真的得到快乐和幸福。

幸福箴言

婚姻是爱的产物，爱是心灵的产物，它非常简单，简单到没有目的，爱本身就是目的；它非常纯粹，没有一点杂质，不需要任何手段。只需放下自己，打开心门，倾心去爱，去感受，就能得到爱的甜美和芳香。不要让金钱作为婚姻的筹码，唯有纯粹有爱的婚姻，才能得到真正的快乐和幸福，才能两个人相伴终身，不离不弃。

5. 包容也是爱永久的保鲜膜

生活中，每当我们犯了错误，总是渴望别人的宽容，每当我们做了好事，也总希望能得到别人善意的微笑，这几乎是每个人都拥有的普遍心理。因为人之所以活得快乐，多是因为别人的包容、肯定和赞同。同样，当别人犯了错误，我们也要用一颗包容的心去理解、去谅解，不要苛求，不要得理不饶人，而对于别人的乐善好施，也要懂得感恩，至少，我们总要给人家一个真诚的微笑！其实，在爱的世界里，包容也尤为重要，它往往是爱永久的保鲜膜。

造物主在赋予人们生命的同时，也给予了每一个人一颗宽恕包容的心。生活和工作中，遇到不顺心的人或者事是十之八九的事情，我们时时刻刻都要怀有一颗包容宽恕之心，懂得包容别人的缺点、不足，记得要宽恕别人对自己犯下的错，不要太计较个人得失，才能拥有真正的快乐。

在爱情世界里，两个人相处，难免有磕磕碰碰的事情，小打小闹也不足为奇，但是，更多的时候，要用一颗包容和理解的心去对待彼此。只有懂得包容和理解，才不会因为小事、小过错而仇恨对方，抛弃对方，而爱，也会因此而长长久久。包容的确是爱永久的保鲜膜，爱情世界里，有了包容，就会多了一份宽恕和理解，少了许多误会和争执，也会多了许多快乐和幸福。

给幸福一条最浅的底线

男孩与女孩谈了很长时间的恋爱，甜言蜜语少了，还经常闹些不愉快，男孩心里就有了分手的想法。

这天，男孩约女孩出去逛街。两个人走在街上，男孩看到前面有家鞋店，就对女孩说："我给你买双鞋吧。"

鞋架上陈列着各种颜色和款式的皮鞋，两个人试了一双又一双，不是嫌太贵，就是嫌颜色和款式不好，把眼睛都挑花了，也没挑到中意的。

这时，鞋店老板走过来，说："小伙子，每双鞋都有它的缺点和优点，这世上只有比较适合你的鞋，不可能有你完全满意的鞋。"

男孩听了一怔，他思忖良久，对老板说了声"谢谢"，然后带着女孩离开了鞋店。

一个月后，鞋店老板收到一封喜帖，上面写着："您好！我们诚邀您参加我们的婚礼，是您让我们明白，鞋没有十全十美的，人也一样。人生相伴，理解和包容最重要。所以，请您一定参加我们的婚礼……"

故事中的男孩和女孩，他们通过鞋店老板的话，明白了生活中不完美的存在是一种普遍的现象，最终才相互包容了对方，走向了婚姻的殿堂，让爱情得到了升华。其实，生活中的任何人和事物，都有不足和不完美的地方，但重要的是，我们应该有一颗懂得包容和理解的心。只有包容和理解那些不完美，不完美才会被缩小，也就变成了美。而生活中，因为有了包容和理解，也多了份快乐和幸福。

那年，陈琳刚刚 25 岁，长得鲜活水嫩，人如绽放在水中的白莲花。她唯一的不足是个子太矮，穿上高跟鞋也不过 1.5 米多点

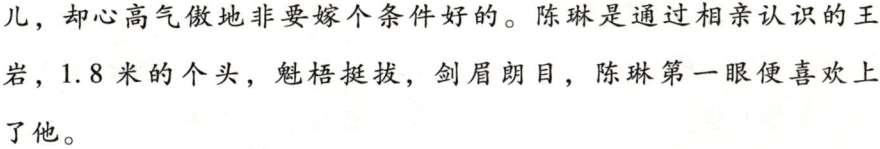

儿，却心高气傲地非要嫁个条件好的。陈琳是通过相亲认识的王岩，1.8米的个头，魁梧挺拔，剑眉朗目，陈琳第一眼便喜欢上了他。

两个人就爱上了，日子如同蜜里调油，恨不得24小时都黏在一起。王岩没有大房子，陈琳也心甘情愿地嫁了他。拍结婚照时，两个人站在一起，陈琳还不及王岩的肩膀。她有些难为情，王岩笑，没说陈琳矮，却自嘲是不是自己太高了。

结婚后的日子就仿佛涨了潮的海水，各自繁忙的工作，没完没了的家务，孩子的奶瓶尿布，数不尽的琐事，一浪接着一浪汹涌而来，让人措手不及。渐渐地，他们便有了矛盾和争吵，有了哭闹和纠缠。

第一次吵架，陈琳任性地摔门而去，走到外面才发现无处可去，只好又折回来，躲在楼梯口。听着王岩慌慌张张地跑下来，听声音就能判断出，他一次跳了两个台阶。最后一级台阶，他踩空了，整个人撞在栏杆上，"哎哟哎哟"地叫。她看着他的狼狈样，终于没忍住，捂嘴笑着从楼梯口跑出来。她伸手去拉他，却被他用力一拽，跌进他的怀里。

第二次吵架是在街上，为买一件东西，一个坚持要买，一个坚持不要买，争着争着她就恼了，甩手就走。走了几步后她躲进一家超市，从橱窗里观察他的动静。以为他会追过来，却没有。她又气又恨，怀着一腔怒火回家，推开门便看见他双腿跷在茶几上看电视。看见她回来，仍然若无其事地招呼她：回来了，等你一起吃饭呢。他揽着她的腰去餐厅，挨个揭开盘子上的盖，一桌子的菜都是她喜欢吃的。她扑哧就笑了，所有的不快全都烟消云散。

给幸福一条最浅的底线

这样的吵闹不断地发生，终于有了最凶的一次。王岩打牌一夜未归，又碰上孩子发起了高烧，给他打电话，关机。陈琳一个人带孩子去了医院，第二天早上他一进门，她窝了一肚子的火噼里啪啦地就爆发了……

这一次是王岩离开了。他说吵来吵去，他累了。留下陈琳一个人，面对着冰冷而狼藉的家，心凉如水。想到以前每次吵架都是他百般劝慰，主动下台阶跟她求和，现在，他终于厌倦了，爱情走到了尽头。那天晚上，她辗转难眠，细细想来，每次吵架都是王岩主动下台阶，而她却从未主动去上一个台阶。为什么呢？难道有他的包容，就可以放纵自己的任性吗？婚姻是两个人的，总是他一个人在下台阶，包容她，距离当然越来越远，心也会越来越远。其实，她上一个台阶，同样去包容他，也可以和他一样高的啊。她终于拨了他的电话，只响了一声，他便接了。原来，他一直都在等她去上这个台阶，等她的谅解。

幸福有时候只需要一个台阶，无论是他下来，还是你上去，只要两个人的心在同一个高度和谐地振动，那就是幸福，而任何关系的建立都是在相互理解宽容的基础上的。没有人会无缘无故地付出或得到，懂得在这个世界上每个人都有缺点，就像没有一双十全十美的鞋子。因此，我们要辩证理智地看待生活中的种种不完美，用一颗包容理解的心去对待，也不要对自己身边的每个人过分苛求，相信他们在得到你的包容的时候也在包容着我们。生活本来就是这样，在不完美中追求着辩证的完美。

宽容不是无限度的让步，总有一天你会厌倦，在生活中也是一样。健康长久的幸福不是一个人无止境地让步与包容，而是双方共同的理解。互相给对方一个台阶，一份空间，一缕关怀，没有化解不了的矛盾，没有超越不了的距离，这就是爱的真谛。其他方面也是一样的道理，学会包容，给爱套上一个永久的保鲜膜。

6. 快乐的生活无关形式

生活中，我们有时候只在乎结果，却忽略了过程也是一种美，而有时候却享受在过程之中，并不去介意结果的好坏。然而，对于快乐，却往往偏重于结果，只要我们生活是快乐的，那又何必去介意快乐的形式呢？快乐并不是只有在一些大起大落的事情中可以表现出来的，殊不知，那些隐藏在生活琐碎里面的快乐，同样也承载着我们人生的幸福。

有人说：快乐的生活无关形式。的确，只要我们拥有快乐，那又何必去在乎承载快乐的载体呢？快乐有时候就像一个调皮的孩童，它喜欢藏在各种各样的东西之上，让我们无法轻易找到，我们时常因为无法拥有快乐而烦恼、痛苦。殊不知，快乐它就在我们身边，就隐藏在生活的每一个细节之中，在我们追求成功的过程之中，快乐就追随着，我们不必去在乎结果如何，过程本身就是一种

给 *幸福* 一条最浅的底线

享受，一种对自我价值的肯定，一种对快乐的体现。

人生之中的快乐有很多形式，曾有人将人生最大的乐事归结为4类：他乡遇故知，久旱逢甘霖，金榜题名时，洞房花烛夜，这是古人们的快乐。而面对纷繁的现今社会，更多人追求的快乐大概有：一家人在一起共享天伦是快乐、两个人在一起相敬如宾是快乐、和朋友分享喜悦是快乐、共担痛苦也是快乐、寂静的午后品一杯香茗，优雅地翻看一本喜欢的书是快乐、邀上三五个朋友去逛街，疯狂购物也是快乐……然而，不论如何，只要是快乐，都会带给我们幸福感和满足感，让我们面对生活，充满信心和希望，让我们行走在人生路上，更加坦然、豁达。而快乐的生活也无关形式，只要是生活馈赠给我们的快乐，我们都应该笑纳。

两个小兄弟决定在屋后挖一个深洞。他们干得正欢时，两个大孩子停在一边看热闹。"你们在干吗呢？"其中一个问道。"我们打算挖一个洞，一直把地球挖穿！"小兄弟中有一个兴奋地主动搭腔。大孩子们笑起来，告诉小家伙们把地球挖穿是不可能的。沉默了好一会儿，一个孩子拾起一个装满蜘蛛、蠕虫和各色昆虫的罐子。他拿掉盖子，把里面的精彩内容展现在嘲弄者面前，然后轻声地、自信地说："即使我们不能把地球挖穿，可瞧瞧我们挖地洞时的奇妙发现吧！"

故事中的兄弟，他们的目标虽然过于雄心勃勃，却是促使他们开挖起来的动力，他们在挖掘的过程中享受到了快乐和满足感，面对那装满蜘蛛、蠕虫和各色昆虫的罐子，将他们的生活变得五彩缤纷。尽管，并非他们的目标都会圆满实现，并非所有的工作都会得到相应的回报，并非所有的希望都能满足，并非所有

篇三 释然篇
体味幸福的甜美,描绘底线的温柔

的爱都能维系永远,并非所有的梦想都会实现,并非所有的快乐都有关形式,但生活就是一个不断发现和挖掘的过程,真正重要的是乐在其中。

生活也永远不是一个结果,它有很多种结果,但是当我们死后还是会有不一样的境遇,那就是因为我们对待生活的过程。不要始终纠结在一个结果上,其实在我们努力奋斗的过程中,生活已经给了我们最好的回报。

两个盲人靠说书弹三弦糊口,老者是师父,70多岁;幼者是徒弟,20岁不到。师父已经弹断了999根弦子,离1000根只剩下一根了。师父的师父临死的时候对师父说:"我这里有一张复明的药方,我将它封进你的琴槽中,当你弹断第1000根琴弦的时候,你才可取出药方。记住,你弹断每一根弦子时都必须是尽心尽力的,否则,再灵的药方也会失去效用。"那时,师父才是20岁的小青年,可如今,他已皓发银须。50年,他一直奔着那复明的梦想。他知道,那是一张祖传的秘方,师父记错了应弹断弦子的数目,800根时就打开了那张纸,所以他至死也未复明。

"咚……"一声脆响,师父长叹一口气又长吁了一口气,心头一阵狂喜,甚至顾不上向周围从遥远的山洼汇聚来听他弹琴的乡亲们说声抱歉,甚至顾不上带上徒儿就一个人向城中的药铺匆匆赶去。

当他满怀虔诚满怀期望等取草药时,掌柜告诉他:那是一张白纸。他的心咚地跌入冰窖,头嗡地响了一下,他努力抓住柜台的护栏平衡身体,平静下来他明白了一切:他不是早就得到了那个药方了吗?曾经因为有这个复明药方的召唤,他才有了生存的

给幸福一条最浅的底线

勇气。他在谋生中，说书弹弦，受人尊敬，他学会了爱与被爱，在生存的快乐中他早已忘记自己是个盲人——他其实早已复明于那些劳碌的时刻。回家后，他郑重地对小徒儿说："我这里有一个复明的药方。我将它封入你的琴槽，当你弹断第1200根弦的时候，你才能打开它，记住：必须用心去弹，师父将这个数错记为1000根了……"

小徒儿虔诚地允诺着，他看不见师父的两只枯眼已满噙泪水，师父心中暗暗说："也许他一生也弹不断1200根弦……"

对美的心灵憬悟才是真正的生命药方，它可以让盲人永远活在光明中。可悲可叹的是，我们许多健康人却一直生活在黑暗中——他们对身边的美熟视无睹！

生活之所以有奔头，更多的时候是因为有了希望，有了希望，才会有继续前进的动力，不管生命赐予我们多么大的麻烦和苦难，只要我们心存对生活美好的希望，对未来充满憧憬，我们就会忘记自己的处境，坦然坚强地生活下去。只有活着，才能去体验生活中的悲喜忧伤，去感受生活中的酸甜苦辣，而我们的生命才能得到最完整的诠释。因此，任何时候都不要忘记心怀憧憬地去生活！

幸福箴言

我们坦然享受了生活的过程，享受到了过程带给我们的快乐、满足和幸福感，即便是失败的打击，也是一种生活的赐予，我们都应该无条件地承受。在这个过程中，要学会用一种客观积极的态度去面对，享受自然，享受纯真，享受生命中的每一次快乐。当我们

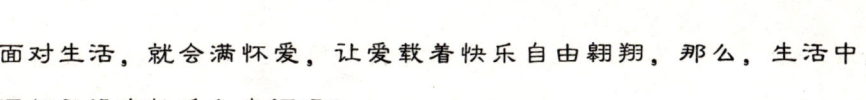

面对生活,就会满怀爱,让爱载着快乐自由翱翔。那么,生活中,还何愁没有快乐和幸福呢?

7. 让感恩给幸福更充足的阳光

让感恩给幸福更充足的阳光,感谢我们周围的一切,让我们生活在感恩中。生活的彩色斑斓多姿,幸福的形式也多种多样,但是感恩却让幸福更温暖。怀有一颗感恩的心,懂得感恩,用心去体味生活,享受生活中的一切,感谢生活赐予我们的苦难,让我们在痛苦中学会坚强,重拾信心和希望,不断超越自我。伸展开我们的双翅,让生活载着快乐自由翱翔。

生活中,让我们感谢的太多,值得我们感恩的也太多,因此,不论何时何地,都不要吝惜你的感恩,让感恩给幸福更充足的阳光,让感恩的心带我们走向爱的天堂,让爱载着快乐自由飞翔。而人生,也会因为多了一份感恩而多了一份和谐和爱,生活也会因为多了一份感恩而多一份快乐和幸福,感恩也会带给我们意想不到的礼物,所以,让我们学会感恩,懂得感恩。

德洛莉丝所在的公司倒闭了,于是她开始寻求下一个工作机会。因为德洛莉丝学的是管理专业,就想发挥自己的特长,应聘这方面的工作职位。

一天,德洛莉丝看见一家大公司在招聘管理人员,就前去应聘。前来应聘的人很多,通过第一轮的筛选,德洛莉丝进入了第二

给幸福一条最浅的底线

轮的笔试。由于她笔试的成绩也很突出，因此又参加了公司最后一轮的面试。

进入最后一轮面试的人有5个，都十分优秀。通过逐一的面试，最后公司选择了一个有着10年管理经验的管理专业的硕士。德洛莉丝被淘汰出局，她有些失落，但同时又心服口服，因为她知道自己本身就没有别人优秀。

德洛莉丝回家后，给这家没有聘用自己的公司写了一封感谢信，她在信中说道："虽然我没有被贵公司录取，但我依然要向公司表示感谢。感谢你们花费了大量的时间、人力给我提供的应聘机会，使我从中学习到了很多有用的东西，再次表示感谢！"

德洛莉丝的感谢信发到了秘书的邮箱里，那位老总的秘书从没有收到过一个被淘汰的应聘者写的感谢信，她感动的同时又把这封特殊的信件转给老总看了一下。最后，公司里的所有职员几乎都知道了这件事，无不为德洛莉丝的感谢信动容。

转眼半年时间过去了，因为经济的萧条，德洛莉丝还是没有找到合适的工作。圣诞节前夕，德洛莉丝意外地收到了一张贺卡，卡片的内容是邀请她一起去欢度圣诞节，落款是德洛莉丝上次应聘的那家公司。

德洛莉丝高兴地接受了邀请，最后还意外得到让她到公司上班的好消息。原来，自从接到德洛莉丝的感谢信之后，老板就一直没有忘记这个懂得感恩的女孩，公司里刚有了空缺的职位，他就安排秘书通知了德洛莉丝。

故事中的德洛莉丝，面对生活的不顺心，并没有失去希望和信心，而是更加执著地去追求梦想，善待生活。面对应聘的失败，她

篇三　释然篇
体味幸福的甜美，描绘底线的温柔

也没有怨天尤人，更没有因此灰心，而是用一颗感恩的心给应聘公司写了一份感谢信。正是因为这个善意的举动、这个小小的感恩的举动，让她最终赢得了工作，走出了生活的困境，她也得到了大家的认可和尊重。

因此，心怀一份感恩，懂得善待生命中的每一件事、每一个细节，我们就会发现很多令我们感动的事和人。离家出门时亲人的一声叮咛，遇到苦难或者挫折时朋友的一次帮助，甚至不经意间陌生人的一句提醒、一个微笑……都值得我们用心去感受，去体会这些友好的行动，而我们也会因此而懂得感恩，学会感恩，让感恩真实地存活在我们身边，而我们的人生，也会因此而充满阳光欢乐和幸福祥和。

早年在美国阿拉斯加，有一对年轻人结婚，婚后，他的太太因难产而死，留下一孩子。

他忙生计，又忙于照看家，因没有人帮忙看孩子，就训练了一只狗。那狗聪明听话，能照顾小孩，咬着奶瓶喂奶给孩子喝，抚养孩子。

有一天，主人出门去了，叫它照顾孩子。

他到了别的乡村，因遇大雪，当日不能回来。第二天他匆匆赶回家，狗立即闻声出来迎接主人。他把房门开一看，到处是血，抬头一看，床上也是血，孩子不见了，狗在身边，满口也是血。主人发现这种情形，以为这只狗狗性发作，把孩子吃掉了，大怒之下，拿起刀来向着狗头一劈，把狗杀死了。

之后，他忽然听到孩子的声音，又见孩子慢慢从床下爬了出来，他赶忙抱起孩子，仔细检查，发现孩子虽然身上有血，但并未

给**幸福**一条最浅的底线

受伤。

他很奇怪,不知究竟是怎么一回事,再看看狗,它腿上的肉没有了,旁边有一只狼,口里还咬着狗的肉。狗救了小主人,却被主人误杀了,这真是天下最令人惊奇的误会。

故事中的主人,因为一时的冲动和误会而误杀了一条忠实的狗,从此给自己的人生留下了一颗悔恨的种子。其实,在这个世界上,大多数的生灵都会有感恩的一颗心,只要别人对自己好,都会想方设法去回报他们所受到的恩惠。看到故事中的狗对主人的忠诚,最终却换来了误解和误杀,让人在感觉到可悲的同时也发自内心地进行深思。

足见,生活中,误会往往会造成悲惨的结局,也会给我们的生活带来更多悔恨和无法弥补的过错,而多疑的心态在一定程度上也成为了悲剧收场的关键。生性多疑,不会从心底相信别人,在危难临头时,又不去了解真相,心浮气躁,这也是致命的因素。不要让一时的误会成为我们终生悔恨的遗憾,生活中,时时刻刻要懂得用一颗感恩的心去对待身边的人和事,让感恩给幸福更充足的阳光。

幸福箴言

感恩就像是一缕阳光,驱逐黑暗,让希望的曙光洒满人间;感恩就像微风习习,驱逐酷热,让每一个日子都清凉无比;感恩就是那冬天里的一团火,让寒冷不再是这个世界的主宰,让温暖呵护每一颗心。感恩让生命多了一份激情、热度和祥和,感恩让生活多了很多的宽容、理解和爱,也多了很多的快乐和幸福,也让我们的生活更加美好和谐。因此，让我们记住感恩，时时刻刻都用一颗感恩的心去面对一切。

8. 亲情是一杯香茗，需要我们细心品味

世间有太多的爱，但唯一永远无法割舍的就是亲情，我们无法选择自己的出生，只能接受和承受。而每一份亲情，也都是上天注定的缘分，我们更要懂得珍惜。其实，亲情仿佛是一杯香茗，只有我们细心品味才能品出其中滋味。让我们一起用心去品味亲情，品味它的伟大、宽容、无私……

自古以来，亲情总是扯不断，那血脉相连的恩情，总会牵扯出无数感人泪下的故事。而每个故事中，经久不衰的依然是爱。亲情之所以伟大，是因为有爱，也因此而最为美好、温暖人心，让人感受到幸福。

而亲情里面，最伟大无私的往往是母爱，母爱就像涓涓细流，穿越千山万水，绵延不断地流淌进我们每一个儿女的心中，滋润着我们干渴的心田。母爱也是每一个儿女在人生路上得以自信坚强地走下去的最大支柱和勇气，在我们一生中，不论身处何地，不论生活得好还是坏，但母爱，永远追随着我们，温暖着我们，让我们一生都感受到幸福和爱。

露茜11岁那年，妈妈得了癌症。露茜知道后心里很难过，但妈妈却说她只需要去医院住一段时间，一切都会好起来的。

给**幸福**一条最浅的底线

一天下午，妈妈把露茜叫进卧室说："请你为妈妈做一件事，好不好？"

"是准备去医院用的东西吗？"露茜知道妈妈明天就要开始化疗了。妈妈摇摇头，在露茜的额头上亲了一下，说："我想请你为我理发。"

露茜大吃一惊，哪有让小孩子理发的？况且，妈妈有一头美丽的金色长发，足有一英尺长，妈妈对头发非常爱惜，平时都去发廊打理的。

露茜拿起妈妈的一绺头发，放在剪刀中间："您确定吗？"

"确定，请动手吧。"妈妈调皮地一笑。

露茜有点兴奋，也有点紧张，虽然她平时最喜欢摆弄芭比娃娃的头发，但剪真人的头发，这可是头一回。只听"咔嚓"一声，一绺头发悄无声息地落在地上。

"哎呀，太短了！"

"没关系，很好看，哈哈。"

"糟糕，又剪短了……"卧室里充满了母女俩的欢声笑语，地上的头发也越来越多。等露茜完工的时候，妈妈的头发只剩下两三英寸了，而且长长短短，像是被人胡乱修剪的草坪。妈妈对着镜子哈哈大笑，搂着露茜说："谢谢宝贝，我太爱这个发型了，看起来就像一个有个性的摇滚明星。"母女俩抱在一起笑个不停。自从妈妈病了以后，家里已经很久没有这样欢乐的笑声了。

晚上，爸爸看到妈妈的样子吓了一跳，说："亲爱的，你的头发怎么了？"妈妈若无其事地说："哦，我让露茜剪的。反正化疗以后头发也会掉光的，不如先让孩子开心一下。"

篇三 释然篇
体味幸福的甜美，描绘底线的温柔

现在，露茜也是一个母亲了。回想起那个冬季的下午，她终于明白妈妈是个多么了不起的女性。面对病痛和死亡，她先想到的是让女儿开心。为此，她毫不犹豫地献出自己最后可以奉献的东西。

死亡总是无情地将人们拆散，但母亲的那份爱却一直都在，在自己身陷痛苦的时候，她还是想要尽自己所能让孩子开心地生活每一天，这就是母爱的伟大。有人说："我付出所有，只为换来你那珍贵的笑容，只想一生一世留住它，只为你那时候的纯真笑颜打动了我的心。"或许这是对母爱最好的诠释。

除了母爱，父爱也是人生中最珍贵的爱，有人说：父爱如山，如山一般深沉，如山一般沉静。或许，每个人对于父爱都有不一样的诠释，有人觉得父爱是严厉的，也有人觉得父爱是粗犷沉静的，没有母爱那般隽秀柔美。其实，不论如何，拥有父爱，也是我们一辈子都应该感到自豪和幸福的事情。

陆明是一名医生，这天轮到他在急诊室值班。外面天气很热，中午时分，几个人抬着一个病人进来了。

这是一个农民模样的人，双目紧闭，面色潮红，完全处于昏迷状态。床边一个八九岁的小男孩，边哭边喊着："爸，你怎么了？怎么了？"

陆明给男人检查后，发现他只是中暑了，就给他打了一针，并安慰男孩："你爸没事，一会儿就好。"

男孩这才止住了哭，一边说着"谢谢"一边从裤兜里掏出一叠皱巴巴的钱："5毛、6毛……一块、两块……医生叔叔，一共7块3毛，够不够我爸的药费？"说着，男孩把那些毛票递了过来。

给幸福一条最浅的底线

陆明没有接钱，而是怜爱地摸着他的头说："你还挺壮实的，你爸中暑了你居然没事儿。"

孩子说："天太热了，街上没有树，我爸怕我晒着，就让我蹲在他背后的影子里。后来他就晕倒了……"

听着孩子的诉说，陆明的心猛地一颤。就在这时，小护士进来了，说陆明的父亲刚才来过，见他忙，把东西留下就离开了。陆明接过东西，是一把遮阳伞和一小瓶人丹，陆明的心突然清凉无比。

虽然没有富足的金钱，但是父亲那个淡淡的影子，却给了他最深沉的爱，世间的爱是不能用任何东西来衡量的。当世界变得物质的时候，请记得在我们的心中保留一份真诚、一份感动，不要随波逐流，忘己忘本。

幸福箴言

不论桑海桑田，世事巨变，对自己始终不离不弃的是亲情，是父母，就算他们被你深深伤害，但还是一直默默守在你的身旁，不离不弃。哪怕自己有多大的委屈，他们一直在默默注视着你，曾经也许有过的伤害，希望你都原谅宽容，用自己的真心好好品味，用真情好好爱他们，回报他们。父母的爱就像那一支不会熄灭的蜡烛，永远照亮我们前行的路。

篇三 释然篇
体味幸福的甜美,描绘底线的温柔

9. 不要吝惜你的爱

　　生命中,或许每个人都渴望得到爱,因为有了爱,我们的人生才会有快乐和幸福,我们才会感觉到人间的暖暖真情和温暖,生活才会有希望、有盼头;有了爱,冬天都会感觉不到寒冷。然而,有些人往往在享受爱的同时,却格外吝惜自己的爱,他们只懂得索取,不愿意付出;有些人只一味地索取亲情,却不懂得用爱去回报父母,他们甚至认为,父母爱子女是义务,是责任,殊不知,任何爱都是双方相互地付出,任何单方面的爱都无法长久。因此,让我们在享受被爱的同时,记得主动去爱别人,爱周围的一切,千万不要吝惜你的爱。

　　爱总是因为双方的真心付出而更加美好,爱让人与人之间更加和谐,更加充满情意,而任何一份真挚的爱,都值得我们去表达、传递、倾诉。爱是人世间最美好的东西,它让我们在面对困难的时候得到帮助,在伤心的时候有个依靠的肩膀,有双愿意为我们擦干泪水的温暖的手,它让我们面对黑暗,有着寻找黎明的曙光的勇气。爱让我们面对纷繁人生,悲惨命运,依旧挺直脊梁,克服千难万险,依然不放弃对快乐和幸福的追求。

　　有时候,爱就像那晨曦,它总是如此耀眼而灿烂地照耀着我们,它有时候又像那画中微笑的蒙娜丽莎,那么美,那么善,尽管遥不可及,却在那一颦一笑之间,让我们感受到温暖,感受到爱,

给幸福一条最浅的底线

感受到世界的美好。爱有时候简单得就是母亲慈爱的双手、爱人关怀的眼神，朋友之间善意的谎言，父母长辈那一句鼓励的话语……

她是一位平凡的母亲，有个4岁的女儿。像天下所有的母亲一样，她非常疼爱自己的孩子。但是厄运却在不经意间降临，女儿突然发高烧，去了医院，被确诊为白血病。这个消息如同晴天霹雳，震碎了她的心。

事实虽然残酷，但是必须面对。医生告诉她，移植造血干细胞是最佳选择，然而化验结果令人沮丧，她的白细胞抗原与女儿的不合，不能移植，医院通过资料库也没有寻找到配型相合的人。她的女儿唯有进行对身体伤害极大的放疗和化疗，这几乎是一个绝望的选择，因为这样治愈的几率非常低。

就在此时，一个陌生的女人从上海打来电话向她求助。原来这个女人的女儿也患有白血病，需要移植造血干细胞，恰好与她配型相合。移植过程必须在远隔千里的上海进行，之后还需要10天时间恢复身体，而女儿正在生与死之间挣扎，她如何能丢下自己的女儿去救助一个陌生人呢？连医生也不忍心劝她去上海。望着日渐憔悴的女儿，她几经犹豫，仍然做出了赶赴上海的决定。

移植过程很顺利，那个女孩获救了。躺在病床上的她，想到生死未卜的女儿如百爪挠心，她在医院只住了5天，还发着高烧就急忙赶回女儿身边。她想着也许与女儿相聚的日子已经不多了。

然而，令人意想不到的是她的女儿最终闯过了九死一生的化疗和放疗，奇迹般的康复了，好运竟然降临到她们母女身上。

后来，有记者看到活泼如昔的孩子时，问这位母亲："如果女儿不治离你而去，你会后悔去上海吗？"这位母亲是这样回答的：

篇三 释然篇
体味幸福的甜美，描绘底线的温柔

"要是每一个人都捐献出造血干细胞，就不会有无奈的悲剧发生。作为一个母亲爱女儿是天经地义的，我一定要付出我的爱，虽然得到爱的不是我的女儿，但我付出了便会少些内疚，我只能做到这些。"

身患绝症的女儿最需要关怀和照顾的时候，她却赶往千里之外救助另外一个陌生的孩子，很多人说她残忍，说她铁石心肠。但是在这种残忍里，有百转千回的挚爱；在这种铁石心肠里，有能融化天山冰雪的祈祷，令人为之动容、为之落泪。

这个世界上付出了真爱的人都会有回报，即使不会出现奇迹，也会心安。

从古至今，母爱总是那么伟大而平凡地存在着，被儿女无条件地接受、享受着，母爱创造了多少奇迹，演绎了多少感天动地的故事，感动了多少人冷漠的心。或许，我们根本无法悉数，但有一点我们却能表达，母爱之所以那么伟大和无私，其中有一点就是，几乎每一个母亲都在用心，用自己的生命爱儿女，她们从来不吝惜自己的爱，正是那种无私无偿、毫无怨言的爱，成就了伟大的母爱。就像故事中的母亲，她愿意用生命去爱自己的女儿，愿意为女儿去承担一切。

相信爱能创造奇迹，对任何生命深深的挚爱，即使不会留住生命的脚步，但也会换来自己的一份心安。很多时候生活中会有不尽如人意的事发生，但往往是伟大的爱支撑着我们继续走下去，就是平常生活中的一份关心、一个问候、一个微笑，我们也会为之感动。任何时候都不要忘记付出爱，不要吝惜你的爱，这样你得到的不仅仅是爱，还有更多的快乐和幸福。

给幸福一条最浅的底线

幸福箴言

　　生活，你对它笑，它也会对你笑；你对它哭，它也会对你哭。同样的道理，你对生活付出爱，那么，生活也会回报爱给你。许多时候，面对生活的点点滴滴，只要你心怀一颗爱心，怀着善意去生活，生活也会回报给你爱和善意。对待别人也是一样的道理，千万不要吝惜你的爱，当你得到爱的同时，记得施予别人同样的爱，那么，我们生活的世界，就会到处充满爱和温暖，而生活中，也会拥有快乐和幸福。

第九章　完美停顿，细致间勾勒人生完美弧线

我们总是为梦想和生活而奔波劳累，时间对于我们而言，显得那么仓促而短暂。每当我们行走在人生道路上，经常是我们还没有来得及欣赏路边的风景，时间就已经将我们带到另一个陌生的地方，我们永远都在赶路，却无法让自己来一次完美停顿，而生活，也因这种匆忙而少了许多乐趣。其实，有时候，试着停下来，歇一歇，看看路边的风景，试着去注意生活中的细节美，或许，那种对自己的放松，能让我们体会到人生别样的惬意和坦然。

1. 扮演好自己的角色

生活就像是一场戏，每个人都在戏里扮演着不同的角色，演绎着不同的人生，有悲有喜，有苦有甜。但不论我们扮演何种角色，都应该用一种积极乐观的心态去面对，不要因为自己是悲剧角色而悲观失望，放弃对生活的信心和希望，也不要因为自己是喜剧角色而骄傲。要懂得不断挑战自我，在逆境中成长，在顺境中戒骄戒

给幸福一条最浅的底线

躁。只有扮演好自己的角色，紧紧抓住幸福的底线，才能够在体验美味幸福的同时，为自己的人生勾勒出一个完美的人生弧线。

究竟如何才能扮演好自己的角色呢？或许每个人都有自己不一样的理解，其实最重要的就是能够用真心、真情实感去演绎，去演自己喜欢的角色，并演好每一天。我们都清楚，生活本来就有很多无法预料的事情发生，我们的人生也一样，每个人都无法预知未来，更无法设想自己未来的生活。所以，未来对于我们只是一个美好的梦，一个可以为之奋斗的目标，而过去，早已随着时间消失在历史长河之中，唯一能紧紧抓住的是现在，珍惜眼前的生活，珍惜眼前的一切，抓住每一分钟，为理想、为快乐和幸福生活奋斗。

一位父亲带着儿子去参观梵高故居，在看过那张小木床及裂了口的皮鞋之后，儿子问父亲："梵高不是位百万富翁吗？"父亲答："梵高是位连妻子都没娶上的穷人。"第二年，这位父亲带儿子去丹麦，在安徒生的故居前，儿子又困惑地问："爸爸，安徒生不是生活在皇宫里吗？"父亲答："安徒生是位鞋匠的儿子，他就生活在这栋阁楼里。"这位父亲是一个水手，他每年往来于大西洋各个港口，这位儿子叫伊东·布拉格，是美国历史上第一位获普利策奖的黑人记者。20年后，在回忆童年时，他说："那时我们家很穷，父母都靠出苦力为生。有很长一段时间，我一直认为像我们这样地位卑微的黑人是不可能有什么出息的。好在父亲让我认识了梵高和安徒生，通过这两个人，我知道，上帝没有轻看卑微，每个人活着都要扮演不同的角色，我们每个人要做的就是演好自己。"

其实，很多时候，是人自己看低了自己，因为自卑而怨恨命

篇三 释然篇
体味幸福的甜美，描绘底线的温柔

运，从而变得自暴自弃，不仅失去了对生活的美好追求，而且，面对自己的角色，永远无法入戏，无法扮演好自己的角色，也根本无法享受生活的幸福和甜美。然而故事中的主人公伊东·布拉格，没有因为自己是黑人而小瞧自己，也没有因此而自卑，他尽管扮演着看似低微的角色，却让自己的人生无怨无悔。而他的成功，也正是他懂得扮演好自己的角色，并通过努力去证明，即便是卑微的角色，只要演绎好自己的角色，照样能取得辉煌的成功和自己所期望的幸福生活。

许多时候，一个人出生的环境和将来能否成功并没有直接联系，因出生卑微而否定自己，放弃梦想，甚至因为别人的歧视就萎靡不振的人，即使得到上帝的眷顾，也不会有所作为。其实上帝不会轻看任何一个人，只是有时候，他喜欢把高贵的灵魂赋予卑贱的肉体，让他接受考验而已。所以不要看轻自己，记得在生活的戏里，扮演好自己的角色，相信，你的存在就已证明了你的价值。

从读小学起，小玉就一直很努力地学习，可成绩总是平平。有一段时间，她曾对自己失去了信心，她觉得自己生来太笨，打针吃药、努力付出都是无济于事的，她变得自卑不已。

后来，父亲带小玉去公园，指着园内的两排树就问小玉："你知道那些是什么树吗？"小玉一看，一排是白杨，一排是银杏，与高大的白杨相比，银杏显得十分矮小。父亲说："我特意问过公园管理员，这两排树是同时栽下的。栽下时，都一样高。它们享受同样的阳光，同样的水土，同样的条件，到后来，白杨为什么长得高大，而银杏却生得矮小呢？"父亲见小玉回答不上来，接着说："孩子，要知道，每个人生来都会有差别，每个人都有属于自己的使命

给幸福一条最浅的底线

和价值，我们每个人要做的就是做好自己，不要去攀比。"

这诗意般的语言，像一道阳光，一下子照亮了小玉的心。小玉努力着，努力着，从不放弃，到了高中，她的学习成绩终于有了质的飞跃，在全年级中名列前茅。高考那年，小玉以优异的成绩考入了一所名牌大学。

人生来就是有差距的，不论是家庭环境还是身体条件，但不管如何，我们都应该对自己有充足的自信，不要因为自己自身条件不好而丧失对生活的自信和希望。要相信，既然上帝赋予自己与众不同的生命，就应该珍惜，这不是上帝在遗弃我们，而是对我们的磨炼。试着做好自己，努力让自己所拥有的每一天都无怨无悔，扮演好属于自己的角色，认真生活，踏实做人，生活也会回报给我们一个不一样的美好人生。

幸福箴言

人生舞台上，每个人都扮演着不同的角色，不论卑贱高低，不论美丑，都应该坦然面对自己的角色，相信每一个角色都是经过上帝精心挑选的，我们只能心怀感恩地接受，并善待自己的角色。不要因为觉得卑微而自暴自弃，要相信，每一个生命都有它特殊的使命和意义；不要因为身份高贵而目中无人，要懂得，上帝赋予尊贵也有它必然的使命。

2. 盲目攀比只会让自己迷失

如何才能摆脱虚荣，获得自己想要的幸福和快乐呢？其实，最简单、最直接的做法就是淡定，以一颗淡定的心去面对生活的点点滴滴，过属于自己的生活，不要去盲目攀比，不要让自己迷失在人生的岔路口找不到出路，那么，幸福和快乐也会悄然而至。

我们生活的世界，人与人之间有着巨大的差别，不论身份地位、家庭出身，还是工作际遇、家庭生活，都有着区别。有些人对自己的生活现状不满意，却羡慕别人的生活，以至于盲目地去攀比，从不考虑自己的实际处境，盲目攀比的结果只会让自己迷失在欲望的迷雾之中，再也找不到出路。而生活，也因此少了一份快乐和幸福，多了一份痛苦和悲哀。

究竟怎么样才能做到淡定呢？要懂得珍惜自己所拥有的，每个人都有自己的梦想和生活方式，不要在乎别人怎么生活，也不去攀比，认真过好自己的生活，让每一天都充实而快乐，偶尔也让自己来一次完美停顿，在细致间勾勒人生的完美弧线，得到幸福女神眷顾，从而获得幸福生活。

在一次宴会上，唐太宗对王珪说："你善于鉴别人才，尤其善于评论。你不妨从房玄龄等人开始，都一一做些评论，评一下他们的优缺点，同时和他们互相比较一下，你在哪些方面比他们优秀？"

王珪回答说："孜孜不倦地办公，一心为国操劳，凡所知道的

给 幸福 一条最浅的底线

事没有不尽心尽力去做，在这方面我比不上房玄龄。常常留心于向皇上直言建议，认为皇上能力德行比不上尧舜很丢面子，这方面我比不上魏徵。文武全才，既可以在外带兵打仗做将军，又可以进入朝廷搞管理担任宰相，在这方面，我比不上李靖。向皇上报告国家公务，详细明了，宣布皇上的命令或者转达下属官员的汇报，能坚持做到公平公正，在这方面我不如温彦博。处理繁重的事务，解决难题，办事井井有条，这方面我也比不上戴胄。至于批评贪官污吏，表扬清正廉署，疾恶如仇，好善喜乐，这方面比起其他几位能人来说，我也有一己之长。"

唐太宗非常赞同他的话，而大臣们也认为王珪完全道出了他们的心声，都说这些评论是正确的。

人与人之间是有差别的，每个人都有自己所擅长的，也有自身无法避免的缺点。所以，不要一味地去拿自己的不足和别人攀比，也不要去嘲笑每一个人的短处。因此，在生活中，找寻适合自己的位置，让自己的特长发挥出来，即便很小的优点，也能让我们收获到成功的喜悦。就像故事中的王珪那样，正确面对自己的优缺点，不因为自己的缺点而自卑，也不因为自己的优点而自负，坦然面对，不去盲目攀比，让生活多一份乐趣，少一份烦恼和纠结。

一只四处漂泊的老鼠进了佛堂，看见佛祖是如此的幸福和快乐，每天都有各种各样的人来跪拜，还有各种美味的贡品。而自己为什么就不能拥有那种生活呢？因此，老鼠决定在佛塔顶上安家。

佛塔里的生活实在是幸福极了，它既可以在各层之间随意穿越，又可以享受到丰富的供品。它甚至还享有别人所无法想象的特权，那些不为人知的秘籍，它可以随意咀嚼；人们不敢正视的佛

篇三 释然篇
体味幸福的甜美，描绘底线的温柔

像，它可以自由休闲。

每当善男信女们烧香叩头的时候，这只老鼠总是看着那令人陶醉的烟气，慢慢升起，它猛抽着鼻子，心中暗笑。

有一天，一只饿极了的野猫闯了进来，它一把将老鼠抓住。

"你不能吃我！你应该向我跪拜！我代表着佛！"这位高贵的俘虏抗议道。

"人们向你跪拜，只是因为你所占的位置，不是因为你！"

野猫讥讽道，然后，它像掰开一个汉堡包那样把老鼠掰成了两半。

就像故事中的老鼠一样，有些人总喜欢去和别人攀比，对别人的幸福生活羡慕，对别人所拥有的权势羡慕，对别人的吃穿住行羡慕，总之，别人的什么都好，自己的什么都不如别人。这种盲目的攀比让他们忘记了自己是谁，也忘记了自己所处的位置，以至于不择手段地去索取，去追求，而最终，却落得悲惨的下场，就像这只虚荣的老鼠一样，最终付出了惨重的代价。

其实，很多时候，每个人都有属于自己的生活，不论自己生活清贫还是富足，地位低下还是高贵，那都是属于自己的生活，我们应该懂得知足，懂得珍惜，而不要一味地去仿照别人的生活模式去生活。那样不仅会很累，而且，一旦让虚荣的种子在心底萌生，我们就会无休止地去盲目攀比，最终，累的只有自己，受伤的也只有自己。

幸福箴言

虚荣心通常随着人的欲望的膨胀而膨胀。它像罂粟花，美丽的外表下面藏着致命的诱惑，它让人的欲望不断膨胀，以至于最终被

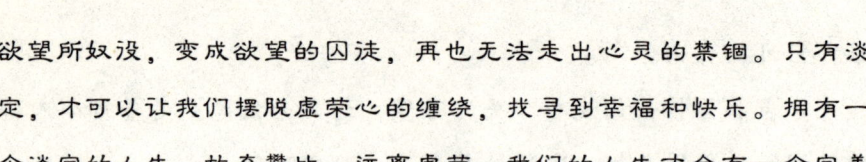

欲望所奴役，变成欲望的囚徒，再也无法走出心灵的禁锢。只有淡定，才可以让我们摆脱虚荣心的缠绕，找寻到幸福和快乐。拥有一个淡定的人生，放弃攀比，远离虚荣，我们的人生才会有一个完美的弧线。

3. 一份兴趣，让你沉醉在工作的乐趣中

人生中，能够真正找到自己喜欢的事情去做，也是一种莫大的幸运和幸福。因为兴趣对于一个人而言，不仅是迈向成功的阶梯，而且，为兴趣而工作和生活而努力，将会是每一个人最乐意做的事情。试着去找自己喜欢的工作和生活方式，或许，我们就会从中找寻到乐趣，获得快乐和幸福的感觉！

人们总是为了生活得更好而努力拼搏，为了追求梦想和幸福而不辞辛劳，因此，有时候被迫做着自己不喜欢的工作，选择了自己不感兴趣的生活方式。所以，我们就会感觉到工作压力特别大，生活毫无乐趣可言，每天都纠结在烦恼和痛苦之中，永远都无法触摸到快乐和幸福的容颜，而这样的人生一辈子都活在被动之中，又如何找到幸福和快乐呢？

究竟如何才能让自己的工作和生活充满乐趣？殊不知，找到属于自己的兴趣，按照自己喜欢的方式去生活，那么，我们就会沉醉在工作的乐趣之中，沉浸在生活的美妙旋律之中，那么，每天每时每刻都是快乐和幸福的，就不会因为工作和生活而纠结，工作和生

篇三 释然篇
体味幸福的甜美,描绘底线的温柔

活也会有了更大的希望。我们的人生,也会因为这份兴趣和乐趣而收获更大的快乐和幸福。

沃尔玛总部每周六的大会是这样的:有时做健美操,有时喊口号,有时唱歌,有时请来喜剧演员,有时举行拳击比赛……总经理和董事们也和员工一样大喊大叫,甚至跳起奇形怪状的舞蹈。

这么做不是无缘无故的,这正是沃尔顿"工作时吹口哨"的管理哲学的体现。沃尔顿认为,让员工保持生气和活力,他们在工作时才会有激情和创造力。疯疯癫癫的喧闹文化还有更为"离谱"的表演。1984年,山姆·沃尔顿预测,当年的税前净利润率不会超过7%,但当时的公司总裁大卫·格拉斯却认为一定会超过8%。于是两人打了一个赌:输了的人,必须穿上夏威夷式的草裙在华尔街上跳舞。结果,当年的销售情况非常理想,税后利润都超过了8%。沃尔顿输了,他不得不兑现自己的承诺。就这样,沃尔玛董事长在华尔街扭腰跳舞的形象在报纸和电视上广为流传。

更有趣的故事还在后边。仓库经理鲍勃·史奈德曾跟员工打赌说沃尔玛不可能打破生产纪录,否则他就和狗熊摔跤。结果,他不得不和狗熊摔跤。1987年,公司的副董事长查理·塞尔夫打赌说,当年12月份的销售额会超过13亿美元,结果他也输了。副董事长不得不穿着粉红色的裤子,戴着金色的假发,骑着一匹白马,在闹市区招摇过市。

制造令人捧腹的事件几乎成了沃尔玛的传统之一,这给员工们带来了极大的乐趣,也使他们对公司有了更多的亲近感。

沃尔玛的董事长山姆·沃尔顿曾说:因为我们的工作如此辛苦,我们在工作过程中都希望有轻松愉快的时候,使我们不用总是

给 幸福 一条最浅的底线

愁眉苦脸。当然，我们现在所做的一切都是为了生活，为了生活得更好，包括学习和工作。

如果我们选择的工作不是自己感兴趣的，那么我们可能会得到物质的满足，但是心灵却是空虚的。有时候，放弃自己坚持的，选择自己感兴趣的工作，选择一种让自己不乏味的生活方式，反而在工作和生活中会得到更大的满足和幸福，同样也会收获成功的喜悦。

一天清晨，门捷列夫经过一个夜晚的研究后，疲倦地躺在书房的沙发上，他预感15年来一直萦绕心头的问题即将迎刃而解，因此，这几个星期以来他格外地努力。

15年来，从他学生时代开始就一直对"元素"与"元素"之间可能存在的种种关联感兴趣，并且利用一切时间对化学元素进行研究。最近他感觉自己的研究大有进展，应该很快就能把元素间的关联和规律串在一起了。

由于过度疲劳，门捷列夫在不知不觉中睡着了。睡梦中，他突然清晰地看见元素排列成周期表浮现在他的眼前，他又惊又喜，随即清醒过来，顺手记下梦中的元素周期表。

元素周期表的发现成了一项划时代的成就，而因为在梦中得到灵感，所以人们称为"天才的发现，实现在梦中"。

但门捷列夫却不这么认为，把这个累积15年的成就归功于"梦中的偶然"让他愤愤不平。他说："在做那个梦以前，我一直盯着目标，不断努力、不断研究，梦中的景象只不过是我15年努力的结果。"

任何成功和幸福的得来都不可能一蹴而就，也不是出现在我们的梦中，只会是我们凭借一份兴趣，在不断地积累、努力之中产生的那灵光一现。天才并不是生下来就是天才，只是他们有着常人所无法企及的兴趣以及善于学习、善于努力的结果。

因此，当你累了，感觉厌倦了，无法再提起精神和兴趣的时候，不妨试着换一种生活方式，换一个工作环境，相信，你会重新打起对生活和工作的精神，拥抱每一个属于自己的快乐和幸福。

幸福箴言

工作和生活中需要乐趣与激情，没有人整天喜欢愁眉苦脸地干事情，也没有人喜欢成天被烦恼和痛苦纠缠，一份兴趣让你沉醉在工作的乐趣之中，一个充满乐趣的生活，会让我们的生活变得多彩多姿。

4. 不苛求让我们的路越走越宽

俗话说：君子坦荡荡，小人长戚戚。不苛求让我们的人生更加坦然，更加洒脱，也会让我们的路更加好走。生活之中，有些人总是能够坦然面对生活的种种馈赠，面对成功不骄不躁，面对失败不灰心、不丧气，有着勇往直前的勇气和那份坦然面对苦难的洒脱。拥有一颗不苛求的心，让我们面对生活无怨无悔，心灵也会更加轻松惬意。

不苛求是阔步人生、坦然面对生活的人生态度，在我们生命的

给幸福一条最浅的底线

行走过程中,总有或多或少的羁绊和阻碍影响着前进的步伐,有时候甚至是自身所无法突破的缺陷让我们无法到达成功的彼岸,因此,面对生活,我们只能感叹、埋怨,让原本的希望磨灭,让自信消退,自卑和自负主宰生命的每一天。

而每当这个时候,我们就应该学会不苛求,用一颗不苛求的心面对生活,驱逐人生中的种种困难,以一种常人所不能匹敌的勇气和坚忍不拔的心去克服一切困难,将苦难变成坦然,将坎坷变为平坦,将痛苦化作微笑。用坚强做支柱,用一颗不苛求的心,一路潇洒地走下去,那样我们的路将会更加好走。

有一位名叫威廉姆斯的挪威探险家,从20岁开始环球旅行。

40年后,他几乎走遍了世界上所有著名的荒原、丛林和深山峡谷。

1982年,在结束南非裂谷一带的探险后,记者问他有何感想。他说:"我始终有两大遗憾:一是为世人遗憾,地球上有那么多瑰丽的景色,世人竟不得一睹;二是为景色遗憾,它们那么壮观美丽,而不为世人所知。"

1991年,他到新西兰的斯奈尔斯岛,这次旅行彻底改变了他的这种心态。

斯奈尔斯是新西兰南岛的一个小岛,由于远离新西兰本土,终年人迹罕至。威廉姆斯踏上这座小岛,发现这里竟生长着成片的公爵兰。这种兰,花姿奇秀、香味馥郁,在挪威乃至整个欧洲都被列为群芳之冠。看到这些兰花,他想:这些名贵珍稀的花卉如果在欧洲早就被呵护着去装点总统套房了,可是在这儿它们却寂寞地生长着,几百年甚至上千年都无人知晓。

篇三 释然篇
体味幸福的甜美，描绘底线的温柔

正当惋惜之情再一次从心底升起时，不经意间，他发现在一个小山崖上有一窝野蜂，它们正忙碌着，把兰花上的花粉和蜜带回蜂巢。威廉姆斯看着眼前的一切，十几年的迷惑好像一下子被解开了。他在当天的旅行日记中这样写道：这一片公爵兰，有这一窝野蜂不就够了吗？有什么可遗憾的呢？世界上奇绝的景色，有一两个探险家走近过、目睹过，不也就足够了吗？

不要抱怨造物主的不公，每个人生来都有自己存在的价值和意义，也不要因为自己出身卑微而丧失对生活的信心，也不要老是担心天塌下来会砸到自己。别人有别人尊贵奢华的享受，我们也有自己清贫淡定的生活，笑看生活中的磕磕碰碰，不过分苛求自己的人生，坦坦荡荡地走完属于自己的人生之路。

不要苛求，也不要强求，平静地面对生活的恩赐和苦难，不以物喜，不以己悲，摆好自己的心态，让自己的每一天都过得充实而满足。面对人生不苛求，坦然面对每一个人或者事，不为自己的人生种下悔恨的种子，一路潇洒地拥抱生活的每一天，那么，我们的人生之路也会更加坦然，更加平坦。

泰勒出生时就感染有艾滋病毒，他的母亲也感染了这种病毒。从他生命的开始，就依靠药物生存。当泰勒5岁的时候，通过外科手术在他的血腔血管中植入一个软管，这个软管同他背着的包裹内的泵相连，药品挂在泵上，不断地通过软管，输送到血液之中。有时，他需要补充氧气来维持他的呼吸。

泰勒不愿因为这种致命的疾病而放弃童年时代的每一分钟。在他家后院的周围，经常能看到他玩耍奔跑的身影，背着盛满药物的包裹，抱着装着氧气瓶的小车，人们都对他十足的喜悦和精力感到

259

给幸福一条最浅的底线

惊奇。他的妈妈经常开玩笑地对他说，他跑得太快了，只有让他穿上红色的衣服，这样，当她在窗前看他在院子里玩时，能很快认出他。

最后，这种可怕的疾病使像泰勒这样充满活力的肌体也衰弱下去了。他的病情很快加重了。不幸的是，他的妈妈也接着病倒。他显然活不了多久了。泰勒的妈妈同他谈了"死"，安慰他说她也很快会死的，不久他们会在天国团聚。

泰勒临死的前几天，他示意医生靠近他的床，低声说："我可能快死了，我不害怕。当我死的时候，请给我穿上红色的衣服，妈妈说她很快也会来天国，当她到那儿时，我正在玩，我要确信她能找到我。"

或许只有那些懂得并能正确诠释生命意义的人，才不至于面对生活的悲惨而丧失理性，也不会惧怕死亡。有些事我们无法选择和改变，因此，我们要做的就是，学会积极地面对，坦然地承受，不去过分苛求一切，也不强求一些难以实现的东西，做到不轻易怨天尤人。假如明天就是生命的终点，我们就应该珍惜今天拥有的生命，实现自己的价值，让关心我们的人得到心灵的安慰，那么，我们的生活也会更加幸福快乐。

幸福箴言

快乐和幸福的人生，大多都是拥有一个良好的心态和积极入世的精神，不畏艰险，不因为苦难而低头，不过分苛求成败得失，懂得珍惜生命，明了生命的意义。同样，不做那些让自己良心受谴责的事情，也不会因为一些蝇头小利而失去做人原则，这样的人生，

篇三 释然篇
体味幸福的甜美，描绘底线的温柔

活得更遂意，走得坦荡荡。因此，让我们学会不苛求，让我们在幸运女神的眷顾下一路走好。

5. 一个叮咛，整个冬天不再那么寒冷

人生最大的愿望莫过于追求快乐与幸福，可是这些看似微小的愿望实则是大多数人很难企及的。有太多的浮躁与虚荣充斥着这个社会，我们都忙于应付，以至于忘记生活的本源。最简单却美好的一个叮咛、一句祝福，让我们面对生活的种种不如意，仍旧坚守心中最原始的追求，继续生活下去，多了一份清醒；也正是因为那一个叮咛，让我们再也无所畏惧冬天的寒冷，感觉到幸福的温度。

俗话说：好言一句三冬暖，恶言一句六月寒。生活中，不管我们身处何地，也不管我们有多么疲累，都不要忘记给周围的人一个微笑、一句问候、一个叮咛、一句祝福，也不要忘了给他们一句鼓励的话语。因为在接收到你的微笑以及话语的同时，我们可以在他们的眼中看到我们一直想要寻找的真诚以及温暖，当然我们也会收到他们同样让我们心灵温暖的词语。

逢年过节，给远方的亲友打个电话，问一声好，道一声祝福；朋友同事生病了，不要忘了给他一声关心的问候，或者在他连连打喷嚏的时候递上一张面纸；同学朋友结婚了或者升职了，也不要忘记给他道一声祝福的话语；看到自己周围的人忙得连倒水的时间都

给 *幸福* 一条最浅的底线

没有，也不要忘记了给他倒一杯水，并且提醒他注意自己的身体……这些都是我们可以做到的事，也是我们常常在生活中遇到的事情，如果我们注意那些细微的地方，用一颗关爱的心去对待自己周围的人，那么，生活对我们来说不再是冰冷而没有温度的，即便是冬天，也会感觉不到寒冷。

王欢又一次打开他母亲小灵通的发件箱，看到那几十条熟悉的短信，禁不住又一次泪流满面。

有一年冬天，他的母亲住院了。为了联系方便，就给她配了小灵通。母亲不会用，王欢就手把手地教母亲打电话、接电话。他觉得小灵通对母亲，只是"便携式电话"，60多岁的人了，能打接就不错了。

当时母亲在城里住院，他在乡下上班。他每天中午都给母亲打一次电话，常常是匆匆两三句就挂了，全然不顾母亲在电话那端絮絮叨叨。当然，母亲有时也给他打电话，说的是："今天我精神好多了，你放心"。之类的鸡毛蒜皮的事。王欢常常粗暴地打断她的话。有个周末去看母亲，她像是乞求一般地说："我听说发短信便宜，你教我发短信吧！"于是王欢就例行公事地给她演示了一遍，说："你有空就慢慢琢磨吧！"顺手将使用说明书递给她。没过多久，王欢的小灵通"嘀"了一声，原来是母亲的短信发过来了。母亲呵呵笑着说："以后挂瓶的时候，我就给你发短信。"

母亲说到做到，王欢的小灵通像热线一样忙。她在短信里告诉王欢她食欲很好、睡眠也不错……当然最多的是关照王欢的生活和工作。每每当王欢还在赖床，母亲的短信到了——起床了吗？不要误了学生的课；每每到了吃饭时间，她的短信又到了——吃饭了

篇三 释然篇
体味幸福的甜美，描绘底线的温柔

吗？别饿坏肚子；每每王欢在网上打牌，她的短信又到了——睡了吗？过度游戏有害健康，关好门窗，谨防小偷……当时王欢就想他30多岁了，还不能料理自己的生活吗？就暗地里笑她婆婆妈妈的。偶尔回个短信，也是"电报式"的，"嗯""好""没"是他常用的消息内容。

母亲的病重了，听说她发短信很吃力。他劝她说："还是打电话吧！方便。"母亲笑着说："发短信，既便宜又解闷儿。"之后她扬扬小灵通说："最最重要的是，它不会打断我的话。"听了这话，酸楚像潮水一样涌上王欢的心头。

母亲走的前一天，王欢收到母亲的短信："我很好，勿念！"这是她所有短信中最简要的一条。但是王欢没料到这会是母亲给他的最后一条短信、最后一个安慰、最后一个善意的谎言。当他第二天早早赶到医院的时候，母亲已经深度昏迷，小灵通就摆在床头。

故事中的母亲在生病的时候还是用自己的方式去关心着自己的儿子，去关心着他的生活，也用那些安慰的话语给自己的儿子宽心，直到自己离开的那天，仍旧不忘记让儿子安心。王欢十分后悔与自责，因为他没有好好照顾自己的母亲，也没有好好关心过她，陪着她，更没有像母亲那样，在她生病的时候送上一个叮咛、一句祝福。所以，在我们的人生中，不管何时，也不要忘了去关怀自己的父母，即使我们身在异地，但只要时不时地送去一个叮咛、一句祝福、一声问候，他们都会感觉到温暖，感觉到幸福。

其实在我们每天的生活中，尽管为了生活总是忙碌，忘记对彼此说"早安"，说"再见"，可能是因为自己的难为情，也可能是

给 幸福 一条最浅的底线

因为不想表露自己的真诚以及感情。但是我们想一想，如果在一起生活的人，连一句最基本的礼貌用语都没有，连一点点的问候都没有，那么他们如何在彼此间建立真诚，并且在生活中又如何能感受到温暖呢？

有一次去外地出差的路上，一车的人谁也没有讲话，大家躲在自己的报纸后面，彼此保持着距离。汽车在树木光秃、融雪滩滩的泥泞路上前进。

"注意！注意！"这时突然响起了一个声音，"我是你们的司机。"他的声音威严，让车内鸦雀无声。

"你们全都把报纸放下。"

"现在转过头去面对着坐在你身边的人，转啊！"

全车人像听到指挥官的命令的士兵似的，不由自主地全都服从了"口令"，无一例外，也无一人露出笑容，这是一种从众的本能。

"现在，跟着我说……"又是一道用军队教官的语气喊出的命令，"早安，朋友！"

大家跟着说完，都情不自禁地笑了笑。

这虽然只是在一次出差途中的小插曲，但就是因为这样的一个小插曲才打破了人们之间的那种隔阂以及沉静，拉近了他们之间的距离，并且让大家感受到了温暖。其实，给别人一些关心，一个叮咛、一声问候、一句祝福，就会让听的人感觉到温暖，即便是严寒的冬天，也会因为我们小小的举动而温暖整个冬天，而我们自己也会因此感觉到莫大的幸福。

篇三 释然篇
体味幸福的甜美，描绘底线的温柔

幸福箴言

人的感情品质并不是从一些惊天动地的大事中被人发现的，而恰恰相反，是在那些微不足道的小事中体现出来的。有时候一句问候的话语、一个关心的叮咛、一个善意的微笑、一次恰到好处的关爱，都会在我们的心湖中产生一丝波澜，荡起串串幸福的涟漪。

6. 学会给自己的人生标逗号

如果将人生比作一篇文章，每一篇都由不同的部分组成，有段落，有句子，有标点符号，而每一句中间，都有一个完美停顿，那就是逗号。逗号就像是我们人生旅途的驿站，将整个人生分成不同阶段，每结束一段旅程，我们都应该停下来休息，反省一下，只有这样，才能更好地走下一段旅程，而我们的人生，也因此而更加轻松惬意。

每一个逗号将我们的人生标注开，让我们面对匆忙的生活，有条不紊地实现自己的理想，去追求幸福和快乐。每个人行走在人生道路上，都由不同的阶段组成，每一个阶段都有不一样奋斗历程，正是这许多的历程，组成了精彩人生。

要想在人生路上顺利地行走，并获得快乐和幸福，就要学会给我们的人生准确地标逗号，让我们每一次的停顿都恰到好处，而这每一次的停顿，恰好是对我们人生某个阶段的标注，有了标注，就

给*幸福*一条最浅的底线

有了参考，有了对新的旅程的目标和计划。因此，生活中，我们要学会给自己的人生标逗号，只有标注了逗号的人生，才能面对繁忙的生活，有喘息的时间，有休息的片刻，才会有更好的精神去面对下一段的旅程。

一个男孩通过窗户看着外面的世界，正好，他发现一个乞丐躺在街道上，平时一贯的喧闹和此刻的荒凉形成鲜明对比。男孩天真的脑子里涌现出了一个问题，很快他跑到了父亲面前。"爸爸，人生是不是一场灾难？"

这个问题使父亲的注意力从报纸上转到儿子身上："不，是谁那样告诉你的呢？""我经常听到那个乞丐说，人生充满了苦难。"

父亲思索了片刻，说："逗号代表什么？""逗号被用来调整句子。""很好，同样，苦难也是人生旅程的逗号，当遇到句子中的逗号时，我们立即停顿下来，理解其内涵，然后继续往前读。苦难的重要性也是一样，它要我们停下脚步，吸取教训，勇往直前。句子中合适的标点符号是最引人注目的。"

男孩想了想，又问道："那么，难道乞丐是最引人注目的吗？"

父亲大笑道："孩子，只有成功的人才能够在正确的地方标上标点。尽管他们起初没有意识到，但是，当他们回顾人生整个旅程的时候，它是人生最耐人阅读的部分，而且是那样的有条不紊。"

学会给自己的人生标正确的逗号，才能取得真正的成功，就像故事中父亲告诉男孩的道理，逗号是用来调整句子的。同样，用来比作人生的话，每一个逗号，都是因此停顿，只有停顿下来，才能理解其内涵，然后继续往下读，吸取苦难的教训，勇往直前。而人生，也只有在适合的地方标正确的标点，才能让我们面对人生整个

篇三　释然篇
体味幸福的甜美，描绘底线的温柔

的旅程做到有条不紊，做到有很好的规划。

1984年，在东京国际马拉松邀请赛中，名不见经传的日本选手山田本一出人意外地夺得了世界冠军。当记者问他凭什么取得如此惊人的成绩时，他说了这么一句话：凭智慧战胜对手。

当时许多人都认为这个偶然跑到前面的矮个子选手是在故弄玄虚。马拉松赛是体力和耐力的运动，只要身体素质好又有耐力就有望夺冠，爆发力和速度都还在其次，说用智慧取胜确实有点勉强。

两年后，意大利国际马拉松邀请赛在意大利北部城市米兰举行，山田本一代表日本参加比赛。这一次，他又获得了世界冠军。记者又请他谈经验。

山田本一性格内向，不善言谈，回答的仍是上次那句话：用智慧战胜对手。这回记者在报纸上没再挖苦他，但对他所谓的智慧迷惑不解。

10年后，这个谜底终于被解开了，他在他的自传中是这么说的：每次比赛之前，我都要乘车把比赛的线路仔细地看一遍，并把沿途比较醒目的标志画下来，比如第一个标志是银行；第二个标志是一棵大树；第三个标志是一座红房子……这样一直画到赛程的终点。比赛开始后，我就以百米的速度奋力地向第一个目标冲去，等到达第一个目标后，我又以同样的速度向第二个目标冲去。40多公里的赛程，就被我分解成这么几个小目标轻松地跑完了。起初，我并不懂这样的道理，我把我的目标定在40多公里外终点线上的那面旗帜上，结果我跑到十几公里时就疲惫不堪了，我被前面那段遥远的路程给吓倒了。

在山田本一的自传中，发现这段话的时候，我正在读法国作家

给幸福一条最浅的底线

普鲁斯特的《追忆似水流年》，这部作者花了16年写成的7卷本巨著，有很多次让我望而却步，要不是山田本一给我的启示，这部书可能还会像一座山一样横在我的眼前，现在它已被我踏平了。

学会在适当的时候给自己的人生做一次又一次的完美停顿，片刻的放松，让我们体味生活的甜美，描绘底线的温柔。生活中，要学会让自己紧绷的神经放松下来，也要学会将自己的人生标注开，将大目标分成小目标，逐一地去实现，这样，才不会因为目标太大而迷失在成功路上。

幸福箴言

也许我们的失败有时候并不是因为放弃，而是因为松懈、怠慢，对自己的目标不能有效地处理。如果自己的人生目标太大，并且很难实施，那么请不要为此而松懈，更不要放弃，因为我们可以把这些大目标分成数个小目标。学会给自己的人生标逗号，将每一阶段标注清楚，逐一击破，这样成功的彼岸很可能会轻松抵达，而幸福和快乐也会唾手可得。

7. 坚持，有时接近幸福只需一小步

在我们生命的行走过程中，总有或多或少的羁绊和阻碍影响着我们前进的步伐，有时候甚至是自身所无法突破的缺陷让我们无法到达成功的彼岸。每当这个时候，就要有一种常人所不具有的勇气

篇三　释然篇
体味幸福的甜美，描绘底线的温柔

和坚忍不拔的心去克服一切困难，并能做到坚持不懈，最终将苦难变成坦然，将坎坷变为平坦，将痛苦化作微笑，用坚强做支柱，一路潇洒地走下去，幸福也会悄然而至！

生活中，我们追求的东西很多，为什么有些人总是能轻而易举地得到自己想要的东西，从而拥抱幸福，而有些人，尽管想方设法，甚至心思用尽也未必能触摸到幸福的指尖？或许，前者更多的时候懂得坚持吧。坚持是一种面对困难勇往直前的勇气，坚持是一种对希望不离不弃的信念，坚持是一种对人生无比热爱的动力。有时候，坚持会让我们得到意想不到的收获，坚持，有时候就是对幸福本身的诠释，因为，只有懂得坚持的人，才能最终越过千难万险目睹幸福女神的美丽容颜。

许多时候，幸福和成功都将自己隐藏起来，让我们苦苦寻觅，最终失去了信心和希望，而它们却藏起来在偷偷嘲笑我们，嘲笑我们为什么不再往前走一步，哪怕仅仅是一小步，就能找到自己梦寐以求的成功和幸福。其实，我们之所以无法获得成功和幸福，大多时候是因为我们不懂得生活的真谛，生活中，往往只有努力付出了，才会有所收获，任何时候，都不会有免费的午餐，天上也不会掉馅饼。坚持就是一个努力奋斗的过程，在坚持的过程中，我们更加坚定对生活的信念，更加懂得幸福和成功的含义，只有懂得这一切，才会拥有那份毅力和恒心。

一个农场主在巡视谷仓时不慎将一只名贵的金表遗失在谷仓里，他遍寻不获，便在农场门口贴了一张告示，要人们帮忙，悬赏100美元。

人们面对重赏的诱惑，无不卖力地四处翻找，无奈谷仓内谷粒

给幸福一条最浅的底线

成山，还有成捆成捆的稻草，要想在其中找寻一块金表如同大海捞针。

人们忙到太阳下山了，仍然没有找到金表，他们不是抱怨金表太小，就是抱怨谷仓太大、稻草太多，他们一个个放弃了100美元的诱惑。只有一个穿着破衣裳的小孩在众人离开之后仍不死心，努力寻找，他已整整一天没吃饭，希望在天黑之前找到金表，解决一家人的吃饭困难。

天越来越黑，小孩在谷仓内坚持寻找，突然他发现一切喧闹静下来后有一个奇特的声音"滴答、滴答"不停地响着。小孩顿时停止寻找。谷仓内更加安静，滴答声响十分清晰。小孩循声找到了金表，最终得到了100美元。

终点有时候离我们很近，甚至在我们放弃的下一秒，所以要想找到生活中的幸福，就应该学会坚持。幸福就像那藏在仓库里的一只金表，早已隐藏在我们的周围，只要用心去发现，冷静思考，并且坚持不懈地去追寻，就会清晰地听到它的滴答声。

在我们生命中，每走一步，都会留下自己的脚印，每走一步，也都是前进，我们永远都站在自己走过路途的顶端，所以只要坚持，总会看到终点。也许在前进的路上，我们会遇到重重困难，但只要我们学会前进，学会坚持，顺着自己的脚印，一直向前，那么我们肯定可以到达理想的彼岸。

鹅毛大雪下得正紧，满山遍野都裹上了一层厚厚的雪。

有一位樵夫挑着两担柴吃力地往山上爬，他要翻过眼前的大山才能到家。樵夫一脚深一脚浅地走在山地雪路上，寂静的山头只听见脚踩着雪发出的吱吱的响声。

篇三 释然篇
体味幸福的甜美，描绘底线的温柔

肩挑沉重的柴，头顶凛冽的北风，樵夫每一步都十分费力。好不容易爬了许久，满以为离山顶近了，可是抬头仰望，看见前方仍是没有尽头。

樵夫沮丧极了，跪在雪地上，双手合十乞求佛祖现身帮忙。

佛祖问："你有何困难？"

"我请求您帮我想个办法，让我尽快离开这鬼地方，我累得实在是不行了。"樵夫疲惫地坐在地上。

"好吧，我教你一个办法。"说完，佛祖用手向农夫身后一指，接着说："你往身后瞧去，看见的是什么？"

"身后是一片茫茫白雪，只有我上山时留下的脚印。"樵夫不解地说。

"你是站在脚印的前方还是后方？"

"当然是站在脚印的前方，因为每一个脚印都是我踩下去后才留下的。"樵夫理所当然地回答。

"孺子可教！如此即是说，你永远站在自己走过路途的顶端。只是这个顶端会随着你脚步的移动而变化。你只需记住一点，无论路途多么遥远，多么坎坷，你永远是走在自己路途的顶端，至于其他的问题你无须理会。"说完，佛祖便消失了。

樵夫照着佛祖的指示，果然轻松愉快地翻过山头回到家。

"你永远站在自己走过路途的顶端，只是这个顶端会随着你脚步的移动而变化"。的确，我们每走一步，都将站在我们走过路途的顶端，无数个顶端，就会将我们带到藏匿成功和幸福的地方。故事中的樵夫，或许正是明白了这个道理，才克服困难，踏平眼前崎岖的路，坚持往前走，最终回到了自己的家。

给幸福一条最浅的底线

有人说：风雨之后会有彩虹。其实这就是一种对希望和幸福的诠释，彩虹固然美好，但是要看到美丽的彩虹，就必将经历风雨的洗礼。人生也是如此，每一份成功和幸福都不会轻易获得，只有历经沧桑，经受过人生风风雨雨的沐浴，而最终仍旧坚持下去的人，才能看到那美丽绚烂的彩虹。因此，人生路上，不管遇到任何困难，只要我们坚持下去，不要放弃，相信最终会拥抱幸福，快乐也会伴随我们每一天。

幸福箴言

面对人生的种种不如意，我们要学会坦然面对，并且不能放弃对生活的希望和追求。尽管追求幸福生活的路途上时常会有荆棘丛生，也会有一个个的拦路虎，但只要我们不放弃、不灰心，一直坚持下去，永不言弃，相信，荆棘丛生也会变成美丽风景，而拦路虎，也会变成一只纸老虎，而即使是面对纷繁人生，也能寻觅到人生的真谛。

8. 让幸福成为自己人生的基色

我们活着究竟为什么？或许大多数人都曾有过这样的疑问，到底人活着究竟为什么？或许有人认为，活着就是为了实现自己的理想，让自己的人生价值得到体现。有人会说，人活着，就是受苦的，每天要面对繁忙的生活，为生计而奔波，就像是被上了发条的

篇三 释然篇
体味幸福的甜美，描绘底线的温柔

闹钟，永远没有停顿的时间，除非到生命终结。而有人也会说，人活着就是为了享受快乐，拥抱幸福。其实，大多数人活着，最大的愿望就是能快乐幸福地生活。

幸福的确是值得人们去追求的最美好的东西，人世间，谁人不希望自己的生活更幸福完美，谁不想让自己的人生充满快乐和幸福？没有人不想拥有幸福的生活。因此，让幸福成为自己人生的基色，不仅是对生活积极的态度，也是一种对生活的热爱。那么，究竟如何才能让幸福成为自己人生的基色呢？珍惜生活中的每一份微小的幸福，让幸福充满生活的每一个角落，那么，生命中，到处都会有幸福。

他和她，分别在两个不同的城市工作。因为有了爱，两座相距百里的城市，也仿佛近在咫尺。

每个周末，他会从他的城市赶往她的城市。那里，有他们的温馨小家。他总在天黑之前抵达，然后陪她共进晚餐。

他是个心细的男人，知道她爱吃柚子。每次回家，都会给她带上两只蜜柚。他工作的小城，盛产蜜柚。他带的都是刚从树上摘下的新鲜蜜柚，散发着淡淡的甜香。

回家的百里路程，高速直达的大巴车只需一小时。每次上了大巴后，他都会剥掉蜜柚厚厚的外皮，把柚子的果肉掰成一瓣一瓣的，用小塑料袋装好带回家。晚餐后，偎依在小屋里，他撕开柚瓣薄薄的皮，把甜甜的柚米粒儿送进她的樱桃小嘴里。

这样的爱如蜜柚，让她透心甜。有时她甚至觉得自己爱的就是这百里路程。因了这不算太短的距离，他才会这般娇宠她吧？

可是，后来，她发现他不再在意她的感受了。那只是一个细微

给幸福一条最浅的底线

的情节,却在女人心里生了根。

正值炎夏,他们的女儿也刚刚出生。返程时,他却不再像往常那样坐高速直达空调大巴了,而是选择了比大巴早5分钟发车的普通小巴。小巴车很破旧,走的是百转千回的小道,价格也并不比快巴便宜。可是,男人却坐着小巴走了。

5分钟,成了她的暗伤。在她心里,这个男人变了,他那么急迫地想要离去,哪怕连5分钟的时间,也不愿在她身边多待。她想,也许总有一天,他坐上小巴后,就再也不会回来了……

一天晚上,他嗫嚅着,想要对她说些什么。

他犹疑的样子,让她黯然。她说,不用磨蹭了,我知道你要说什么。

你知道?

他喜形于色的神情,像锥子一般刺疼了她的心。我早知道会有这么一天。她尽力保持平静,但哽咽的声音却出卖了她。

你怎么哭了?难道我调到你身边,你不愿意?他焦急又心疼地伸手轻拭她脸上的泪花。她只觉得如同晴空万里,欣喜的感觉如片片莲花,在她心中绽放。幸福的眩晕,温软如玉……

可是那时,为何每次连5分钟也不愿在家里多待?许久,她忍不住,终究还是说出了心中的疑问。

他呵呵地笑。傻瓜,大巴发车后直接上高速公路。小巴开得慢,还会绕城转一圈,最后还能经过咱们家。坐在车上,我可以看到咱家的阳台,还有,晒在阳台上的,咱们女儿的尿布和小衣裳呀!

她也坐过小巴,知道车厢里又热又闷,像个大蒸笼。她的眼睛

篇三　释然篇
体味幸福的甜美，描绘底线的温柔

湿润了。其实，爱情不过就是这样。回家的时候坐快车，为的是早一秒钟靠近你；分别的时候坐慢车，是想慢一点再慢一点离开家。哪怕，只为绕道看一眼，阳台上那些花花绿绿的尿片！原来这短短5分钟的幸福，他都不舍丢下。

仅仅为了5分钟的幸福，他宁愿费那么多工夫。其实幸福有时候真的很小，却又很伟大，身边看似微不足道的幸福，却往往蕴含着无边的深情。就像故事中的男女，为了5分钟的幸福，不辞辛苦，想方设法地去追求，最终，他们的确得到了幸福，而他们得到的又岂止是5分钟的幸福。因此，我们应该珍惜每一份属于自己的微小幸福，因为许多微小的幸福可以累积起来，让我们的心中填满幸福。

当我们内心填满幸福的时候，我们才能更加准确地体会到幸福的甜美。其实，生活中，让幸福成为自己人生的基色，让我们每时每刻都去追求我们所期望的幸福生活，那么，又何愁幸福女神不会眷顾呢？

幸福箴言

每一个人都有追求幸福和快乐的美好愿望，但并非所有人都会获得快乐和幸福的生活，只有那些懂得生活、积极面对生活的人，才懂得在生活细节和琐碎之中找寻幸福的踪影，并且紧紧抓住幸福的尾巴，最终获得幸福人生。让幸福成为自己人生的基色，每时每刻记得去追求幸福，那么，幸福女神就会悄然眷顾，而我们的生活也会被快乐和幸福所包围。